中等职业教育课程改革国家规划新教材

全国中等职业教育教材审定委员会审定

金属加工与实训

（车工实训）（第2版）

主编　陈勇武　宦小玉

参编　叶霞云　张　丽

U0341661

中国铁道出版社

CHINA RAILWAY PUBLISHING HOUSE

内 容 简 介

本书是中等职业教育课程改革国家规划新教材，经全国中等职业教育教材审定委员会审定通过。本教材根据教育部2009年颁布的"中等职业学校金属加工与实训教学大纲"的要求编写，并参照国家劳动和社会保障部颁布实施的《国家职业标准》，结合中等职业学校培养初、中级技能型人才的教学特点和培养目标，体现了职业教育"做中学、做中教"的教学理念，突出以技能训练为目的、以项目教学为组织形式、理论学习与实践操作紧密结合。

本书共设置6个项目，包括了解车床、会选用车刀与切削参数、车削轴类零件、车削圆锥面、车削普通螺纹和车工操作综合实训。每个任务都提供任务目标、任务描述、任务过程和任务评价，并与岗位职业技能要求相符合，实现了与企业需求的无缝接轨。通过车削加工主要工件类型的加工技术训练，提升学生的专业能力并使学生达到机加工工种初级技能等级水平。

本书适合作为中等职业学校和成人教育院校机械制造技术应用、机电一体化等相关专业的教学、培训用书，也可作为机械工人的岗位培训教材或供自学者参考。

图书在版编目（CIP）数据

金属加工与实训. 车工实训/陈勇武，宦小玉主编. —2版. —北京：
中国铁道出版社，2016.8
中等职业教育课程改革国家规划新教材
ISBN 978-7-113-21816-4

Ⅰ.①金… Ⅱ.①陈… ②宦… Ⅲ.①金属加工－中等专业学校－教材②车削－中等专业学校－教材 Ⅳ.①TG

中国版本图书馆CIP数据核字（2016）第110633号

书　　名：	金属加工与实训（车工实训）（第2版）	
作　　者：	陈勇武　宦小玉　主编	
策划编辑：	尹　娜	读者热线：　（010）63550836
责任编辑：	李中宝　包　宁　尹　娜	
封面设计：	付　巍	
封面制作：	白　雪	
责任校对：	汤淑梅	
责任印制：	郭向伟	

出版发行：中国铁道出版社（100054，北京市西城区右安门西街8号）
印　　刷：三河市兴达印务有限公司
版　　次：2010年6月第1版　2016年8月第2版　2016年8月第1次印刷
开　　本：787 mm×1 092 mm　1/16　印张：8　字数：187千
印　　数：1～2 000册
书　　号：ISBN 978-7-113-21816-4
定　　价：25.00元

中等职业教育课程改革国家规划新教材

出版说明

为贯彻《国务院关于大力发展职业教育的决定》（国发〔2005〕35 号）精神，落实《教育部关于进一步深化中等职业教育教学改革的若干意见》（教职成〔2008〕8 号）关于"加强中等职业教育教材建设，保证教学资源基本质量"的要求，确保新一轮中等职业教育教学改革顺利进行，全面提高教育教学质量，保证高质量教材进课堂，教育部对中等职业学校德育课、文化基础课等必修课程和部分大类专业基础课教材进行了统一规划并组织编写，从 2009 年秋季学期起，国家规划新教材将陆续提供给全国中等职业学校选用。

国家规划新教材是根据教育部最新发布的德育课程、文化基础课程和部分大类专业基础课程的教学大纲编写，并经全国中等职业教育教材审定委员会审定通过的。新教材紧紧围绕中等职业教育的培养目标，遵循职业教育教学规律，从满足经济社会发展对高素质劳动者和技能型人才的需要出发，在课程结构、教学内容、教学方法等方面进行了新的探索与改革创新，对于提高新时期中等职业学校学生的思想道德水平、科学文化素养和职业能力，促进中等职业教育深化教学改革，提高教育教学质量将起到积极的推动作用。

希望各地、各中等职业学校积极推广和选用国家规划新教材，并在使用过程中，注意总结经验，及时提出修改意见和建议，使之不断完善和提高。

教育部职业教育与成人教育司

2010 年 5 月

　　中等职业学校的教学目的是让学生能够运用基本知识和基本操作技能从事一线生产，围绕这一教学目标，结合教育部2009年颁布的"中等职业学校金属加工与实训教学大纲"（以下简称"教学大纲"）的要求，编者在教材的编写中突出了科学性、实用性和通俗性原则，做到教材内容概念清晰、重点突出、图文并茂、规范准确。基本理论以"必需、够用"为原则，着重介绍基本知识，注重能力培养，面向生产实际，淡化复杂的专业理论分析、推导与计算，力求较强的可操作性，符合中等职业技术学校学生的认知规律，与现代教学法相适应。

　　教学内容以项目任务形式组织，即按不同的项目，将课程划分成若干个相对独立又有一定联系的任务，每个任务都提供任务目标、任务描述、任务过程和任务评价，以符合岗位职业技能要求，实现了与企业需求的无缝接轨。本书主要特点如下：

　　1. 体现了教育教学思想观念，反映了时代特征与专业特色，符合中等职业技术学校学生的认知规律。

　　2. 基于中职教学现状和发展趋势，听取了各地区一线教师的意见，坚持以人为本，关注学生职业生涯持续发展的实际需要，将必学内容降低了难度，简明扼要，循序渐进，更好地服务教与学。

　　3. 以"过程教学"和"问题解决"作为教材编写的指导思想。在教学内容的展开和基本技能的训练上，坚持从学生的实际认知水平出发，从技能考证的实际需要出发，体现车削加工的通俗性、应用性。

　　4. 严格遵循"教学大纲"的要求安排内容，章节结构完全符合"教学大纲"和国家职业标准。注重学生实际的应用与创新；对知识处理和能力要求按"教学大纲"进行分层安排，结构清晰，有利于因地、因校、因人施教。

　　5. 教师好教，学生好学。根据"必需，够用"原则，降低难度，浅化理论；工艺典型，通用性强，并体现了新标准、新知识、新技术。

　　全书共由六个项目组成，循序渐进地介绍了车床维护保养，车削刀具刃磨与安装，简单轴类零件加工，圆锥面与螺纹加工及综合实训等内容。根据学生的认知水平，以项目任务形式组织，即按不同的项目，将课程划分成若干个相对独立又有一定联系的任务，每个任务都提供任务目标、任务描述、任务过程和任务评价，方便教师分步组织教学、检测评价，不仅针对技能操作方面，也关注学生的文明习惯、团结协作等综合素质的考核，以符合岗位职业要求，实现与企业的无缝接轨。

　　根据教学大纲恰当使用现代教育技术的要求，我们围绕主教材将陆续推出助学光盘和网络资源，提供丰富多彩的多媒体视频教程、情境动画、素材，以进一步拓展纸质教材，为学生学习本课程提供弹性选择。

　　本书按大纲要求以4周计共120学时编写，包含教学114学时，机动6学时，具体安排见下表，各学校在使用本教材时可酌情处理。

课时分配表

序 号	项 目	任 务	学 时
1	一、了解车床	一、掌握安全操作规程	6
		二、认识CA6140型卧式车床	4
		三、学会车床的简单操作与维护保养	4
2	二、会选用车刀与切削参数	一、会选用车刀	2
		二、刃磨、安装车刀	6
		三、了解切削用量与切削液	2
3	三、车削轴类零件	一、车削外圆与端面	18
		二、车削沟槽与切断	6
		三、练习车削台阶轴	10
4	四、车削圆锥面	一、认识圆锥体	2
		二、车削外圆锥面	6
5	五、车削普通螺纹	一、认识普通螺纹	2
		二、学会螺纹车刀的刃磨与安装	4
		三、学会车削普通外螺纹	12
6	六、车工操作综合实训	（共七个任务）	30
7	机动		6
8	合计		120

本书在第 1 版的基础上，结合近年省市技能比赛和教学实践情况，对部分标准等内容进行了修订，第 2 版由镇江高等职业技术学校陈勇武、宦小玉担任主编并统稿，叶霞云、张丽参与编写。本书由"中等职业学校机械大类专业基础课教学大纲"的执笔者担任主审，并对大纲进行解读和指导，从而最大程度地保证了教材设计、指导思想与编写方法的科学性和方向性。在编写过程中，还得到了"中等职业学校机械大类专业基础课教学大纲"的审定专家葛金印教授的校审，多位教师对本书也提出了很多宝贵意见，在此对相关人员表示感谢。

由于编者水平有限，书中难免存在疏漏和不当之处，敬请使用本书的教师和读者指正。

编 者

2016 年 5 月

目 录

项目一

了解车床

我们在工厂经常看到许多回转体零件，它们绝大多数是在车床上车削加工的，车削是最基本和应用最广的金属切削加工方法。车床的种类很多，其中卧式车床应用最广泛。几乎所有的机械制造和修配工厂都装备有车床，因此一定要很好地掌握车削的基本技能。首先，让我们从了解车床开始。

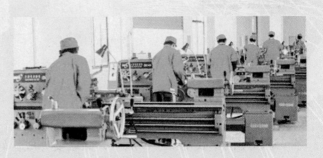

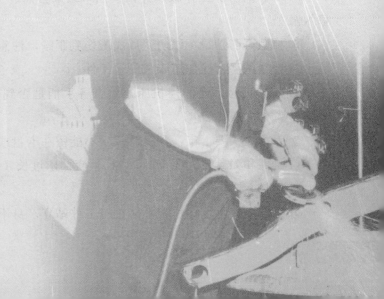

任务一　掌握安全操作规程

任务目标

- 牢记车工安全生产知识。
- 熟记车间文明生产要求。

任务描述

　　通过参观企业车加工车间和实习车间，了解车间环境布置、车床工具、加工零件、工人着装等情况；组织集中学习车削加工的安全、文明操作规程，记清车间相关安全标语；结合图片、录像等强化学生的安全生产意识，并牢记相关制度要求和文明守则。

任务过程

学一学

1. 安全操作规程

　　进入车间，安全第一。从一开始就要养成良好的操作习惯。下面的要求一定要牢记在心：

　　① 工作时应穿工作服，并扣紧袖口或戴套袖。女同志应戴工作帽，头发或辫子应塞入帽内。

　　② 要戴好防护镜，以防铁屑飞溅伤到眼睛，注意头部与工件不能靠得太近。

　　③ 严禁戴手套操作车床或测量工件。

　　④ 工作前按规定润滑机床，检查各手柄是否到位，并开慢车试运转 5min，确认一切正常才能加工操作。

　　⑤ 卡盘夹头要上牢，开机时扳手不能留在卡盘或夹头上。

　　⑥ 工件和刀具装夹要牢固，刀杆不应伸出过长（镗孔除外）；转动小刀架时要停车，防止刀具碰撞卡盘、工件或划破手。

　　⑦ 工件运转时，操作者不能正对工件站立，身不靠车床，脚不踏油盘。

⑧ 装卸工件、安装刀具、加油以及清扫切屑均应停车进行。清除铁屑应用刷子或专用钩，高速切削时，应使用断屑器和挡护屏。

⑨ 禁止高速反刹车，退车和停车要平稳。

⑩ 用锉刀打光工件时，必须右手在前，左手在后；用砂布打光工件时，要用"手夹"等工具，以防绞伤手等。

⑪ 车床未停稳，禁止在车头上取工件或测量工件。

⑫ 机床运转时，操作者不能离开机床，发现机床运转不正常时，应立即停车，请维修工检查修理。当突然停电时，要立即关闭机床，并将刀具退出工作部位。

2. 文明生产要求

① 严格遵守生产车间管理制度。

② 坚守自己的岗位，不随意串岗或做与实习、生产无关的事。

③ 操作车床时必须集中精力，注意手、身体和衣服不要靠近回转中的机件（如工件、带轮、带、齿轮、丝杠等），严禁离开岗位。

④ 在使用装有倒顺开关的车床时，不要突然开倒顺车，以免损坏车床零件；在装拆工件时，应把电气开关关掉。

⑤ 工件和车刀必须装夹牢固，以防飞出伤人。卡盘必须装有保险装置。工件装夹好后，卡盘扳手必须随即从卡盘上取下。

⑥ 在装夹复杂工件结束时（如在花盘和角铁上装夹工件），必须检查工件的装夹紧固情况，以及床面等处的多余压板、螺栓等是否全部拿掉，谨防开车时相碰和走刀时"撞刹"拖板，发生事故。

⑦ 每班下班时，应切断机床电源或总电源，将刀具和工件从工作部位退出，必须做好车床的清洁保养工作，防止切屑、沙粒或杂物进入车床导轨面，把导轨"咬坏"或加剧其磨损。

3. 磨刀安全知识

（1）车刀刃磨时，不能用力过大，以防打滑伤手。

（2）车刀高低必须控制在砂轮水平中心，刀头略向上翘，否则会出现后角过大或负后角等现象。

（3）车刀刃磨时应作水平的左右移动，以免砂轮表面出现凹坑。

（4）在平形砂轮上磨刀时，尽可能避免磨砂轮侧面。

（5）砂轮磨削表面须经常修整，使砂轮没有明显的跳动。对平形砂轮一般可用砂轮刀在砂轮上来回修整。

（6）磨刀时要戴防护眼镜。

（7）刃磨硬质合金车刀时，不可把刀头部分放入水中冷却，以防刀片突然冷却而碎裂。刃磨高速工具钢车刀时，应随时用水冷却，以防车刀过热退火，降低硬度。

（8）在磨刀前，要对砂轮机的防护设施进行检查。如防护罩壳是否齐全；有搁架的砂轮，其搁架与砂轮之间的间隙是否恰当等。

（9）重新安装砂轮后，要进行检查，经试转后才可使用。

（10）刃磨结束后，应随手关闭砂轮机电源。

（11）车刀刃磨练习的重点是掌握车刀刃磨的姿势和刃磨方法。

练一练

1. 分组交流参观感想，说说所见的安全标语。
2. 进一步学习本校实训车间的相关安全文明生产要求。
3. 每组对车削安全文明生产要求进行一次评价。

任务评价

本任务的评价标准如表 1-1 所示。

表1-1 任务一考核评价表

序号	评价内容	评 价 标 准	配分	评价结果/分		综合得分
				组评	教师评	
1	参观表现	按时守信，纪律严明，听讲认真	20			
2	现场讲解	指出录像（或本校现场车间）中不安全文明的行为	30			
3	安全知识笔试	记清有关规定，掌握安全要求	40			
4	同组协作	能互相帮助，共同学习	10			
5	综合评语					
6	姓名		日期			

任务二 认识CA6140型卧式车床

任务目标

- 了解 CA6140 型卧式车床加工的基本工作内容。
- 熟悉 CA6140 型卧式车床的结构和主要部分的名称与功用。

任务描述

　　观察车削加工零件的特点，见习车床的车削加工，了解 CA6140 车床的结构组成，记清车床各主要部分的名称和功用。

任务过程

　　学一学

1. 车削的概念

　　车削就是操作人员在车床上根据图样的要求，利用工件的旋转运动和车刀的直线（或曲线）运动，来改变坯料的尺寸、形状，使之成为合格工件的一种金属切削方法。

　　如图 1-1 所示，工件的旋转为主运动，刀具的移动为进给运动。

2. 工件上的三个表面

　　车削时，工件上有三个不断变化的表面（见图 1-2）。

　　① 已加工表面：已切除多余金属层而形成的新表面。

　　② 过渡表面：车刀切削刃在工件上形成的新表面。它将在工件的下一转里被切除。

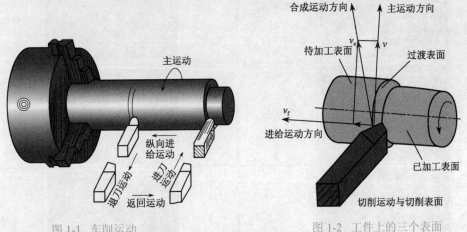

图 1-1　车削运动　　　　　　　　　　图 1-2　工件上的三个表面

　　③ 待加工表面：工件上有待切除多余金属层的表面。它可能是毛坯表面或加工过的表面。

3. 车削的基本内容

　　车削的加工范围很广，主要用于加工各种回转体表面，其基本内容包括车外圆、车端面、车槽、钻中心孔、钻孔、扩孔、攻螺纹、车孔、车圆锥面、车成形面、滚花、车螺纹、车异形件、车细长轴等，如表 1-2 所示。

表1-2　车削的加工范围

序　号	示 例 图 片	加 工 范 围	序　号	示 例 图 片	加 工 范 围
1		车外圆	8		车孔
2		车端面	9		车圆锥面
3		车槽	10		车成形面
4		钻中心孔	11		滚花
5		钻孔	12		车螺纹
6		扩孔	13		车异形件
7		攻螺纹	14		车细长轴

4. 车床各部分的名称及功用

CA6140 型卧式车床是我国自行设计的一种应用广泛的车床，车床的外形如图 1-3 所示。

图 1-3 CA6140 型车床外形

1—主轴箱；2—卡盘；3—刀架；4—冷却装置；5—尾座；6—床身、导轨；7—丝杠；8—光杠
9—操纵杆；10、14—床脚；11—自动进给手柄；12—溜板箱；13—进给箱；15—交换齿轮箱

CA6140 卧式车床中主要部分的名称和用途介绍如下：

（1）主轴箱

主轴箱俗称床头箱，主要用来支承主轴并通过变换主轴箱外部手柄的位置（变速机构），使主轴获得不同的转速。装在主轴箱里的主轴是一空心轴，可夹持安装较长的棒料。主轴通过装在其端部的卡盘或其他夹具带动工件旋转，以实现车削加工。

（2）交换齿轮箱

交换齿轮箱俗称挂轮箱，其功能主要是把主轴的转动传递给进给箱，调换箱内的齿轮并与进给箱相配合，可获得各种不同纵、横向的进给量以加工各种不同螺距的螺纹。

（3）进给箱

进给箱俗称走刀箱，主轴的转动通过进给箱内的齿轮机构传给光杠或丝杠。变换箱体外面的手柄位置，可使光杠或丝杠得到不同的转速。

（4）溜板箱

溜板箱通过其中的转换机构将光杠或丝杠的转动变为床鞍的移动（见图 1-4）。经床鞍实现车刀的纵向或横向进给运动。床鞍使车刀作纵向运动；中滑板使车刀作横向运动；小滑板纵向车削短工件或绕中滑板转过一定角度来加工锥体，也可以实现刀具的微调。

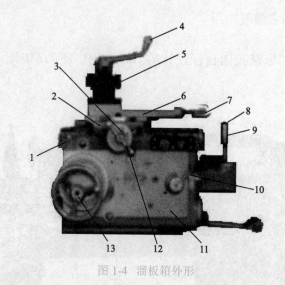

图1-4　溜板箱外形

1—床鞍；2—中溜板；3—分度盘；4—刀架手柄；5—刀架；6—小溜板；7—小溜板手柄；8—快进按钮；

9—自动进给手柄；10—开合螺母手柄；11—溜板箱；12—中溜板手柄；13—大手轮

（5）刀架

刀架用来装夹刀具并使其作纵向、横向或斜向进给运动。它由床鞍、中滑板、转盘、小滑板、方刀架等部分组成，如图1-5所示。

（6）尾座

尾座安装在床身导轨上，并可沿导轨纵向移动，以调整其工作位置，如图1-6所示。尾座的用途广泛，装上顶尖可支顶工件；装上钻头可钻孔；装上板牙、丝锥可加工外螺纹和内螺纹；装上铰刀可铰孔等。

图1-5　小滑板、方刀架

图1-6　CA6140型卧式车床尾座

1—顶尖；2—套筒锁紧手柄；3—套筒；4—丝杆；5—螺母；6—尾座固定手柄；

7—手轮；8—尾座体；9—底座；10—压块；11—螺钉

（7）床身

床身是车床的基础件，用来支撑和安装车床的各个部件，以保证各部件间有准确的相对位置，并承受全部切削力。床身上有精确的导轨，以引导床鞍和尾座的移动。

（8）床脚

前后两个床脚与床身前后两端下部连为一体，用来支撑安装在床身上的各个部件，如图 1-7 所示。同时通过地脚螺栓和调整垫块使整台车床固定在工作场地上，并使床身调整到水平状态。

此外，还有冷却润滑装置、照明装置及盛液盘等。

图 1-7　床脚

练一练

学生分小组，由组员轮流扮演讲解员，对着机床介绍，可参考图 1-8 中车床的各组成部分。

1. 车床由哪些部分组成？各个部分的功用如何？
2. 什么是车削运动？什么是主运动？什么是进给运动？
3. 什么是切削时工件上的三个表面？

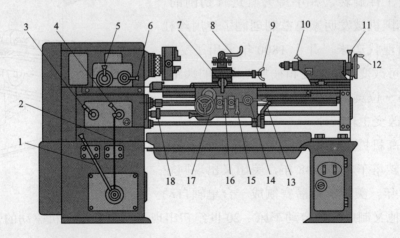

图 1-8　车床的组成

任务评价

本任务的评价标准如表 1-3 所示。

表1-3 任务二考核评价表

序号	评价内容	评价标准	配分	评价结果/分		综合得分
				组评	教师评	
1	车削加工的基本内容	正确10种以上得满分	30			
2	车床各组成部分及功用	正确10种以上得满分	30			
3	文明见习与纪律	态度端正，服从管理	40			
4	综合评语					
5	姓名		日期			

知识拓展

车床发展简史

车床曾经称为旋床，是用于加工回转面的机床。在古代，人们为了获得回转面的物器，不管是石器玉器或陶器毛坯都要使用特定的工具，这便是车床的雏形。随着工业的发展，生产量越来越大，也要求生产效率和加工精度不断提高，就出现了车床族。除了普通车床，还有转塔车床、多轴车床、工具车床、自动车床等。为了加工大直径工件，又有了立式车床。

古代的车床（见图1-9）是靠手拉或脚踏，通过绳索使工件旋转，并手持刀具进行切削的。1797年，英国机械发明家莫兹利创制了使用丝杠传动刀架的现代车床，并于1800年采用了交换齿轮，这样可改变进给速度和被加工螺纹的螺距。1817年，另一位英国人罗伯茨采用了四级带轮和背轮机构来改变主轴转速。

为了提高机械化自动化程度，1845年，美国的菲奇发明转塔车床；1848年，美国又出现回轮车床；1873年，美国的斯潘塞制成一台单轴自动

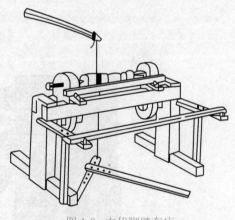

图1-9 古代脚踏车床

车床，不久他又制成三轴自动车床；20世纪初出现了由单独电动机驱动的带有齿轮变速箱的车床。

第一次世界大战后，由于军火、汽车和其他机械工业的需要，各种高效自动车床和专门化车床迅速发展。为了提高小批量工件的生产率，20世纪40年代末，带液压仿形装置的车床得到推广，与此同时，多刀车床也得到发展。50年代中，发展了带穿孔卡、插销板和拨码盘等的程序控制车床。数控技术于60年代开始应用于车床，70年代后得到迅速发展。

任务三 学会车床的简单操作与维护保养

 任务目标

- 学会车床的简单操作方法。
- 熟悉车床的润滑与保养工作。

任务描述

手动操纵床鞍、中滑板、小滑板的进退刀，对车床进行润滑与维护保养，在实践操作中加强安全文明生产的教育的学习与实践。

任务过程

学一学

1. 车床的简单操作方法

（1）车床启动操作

① 检查车床各变速手柄是否处于空挡位置，离合器是否处于正确位置，操纵杆是否处于停止状态，确认无误后，闭合车床电源总开关。

② 按下床鞍上的绿色启动按钮，电动机启动。

③ 向上提起溜板箱右侧的操纵杆手柄，主轴正转；操纵杆手柄回到中间位置，主轴停止转动；操纵杆向下压，主轴反转。

④ 主轴正反转的转换要在主轴停止转动后再进行，避免因连续转换操作使瞬间电流过大而发生电器故障。

⑤ 按下床鞍上的红色停止按钮，电动机停止工作。

（2）主轴箱的变速操作

通过改变主轴箱正面右侧的两个叠套手柄的位置来控制转速，如图 1-10（a）所示。前面的手柄有 6 个挡位，每个挡位有 4 级转速，由后面的手柄控制，所以主轴共有 24 级转速，如图 1-10（b）所示。主轴箱正面左侧的手柄用于加工螺纹的左右旋向变换和改变螺距，共有 4 个挡位，即右旋螺纹、左旋螺纹、右旋加大螺距螺纹和左旋加大螺距螺纹，其挡位如图 1-10（c）所示。

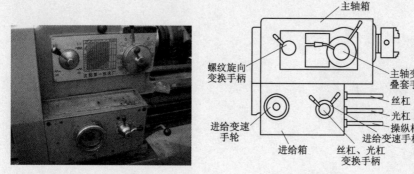
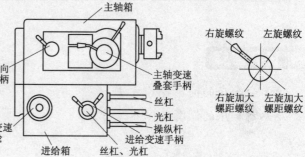

（a）主轴箱实物图	（b）主轴箱结构	（c）车削螺纹的变换手柄

图 1-10　车床主轴的变速操作手柄

（3）进给箱的变速操作

在图 1-10 所示的图中，CA6140 型车床上进给箱正面左侧有一个手轮，手轮有 8 个挡位；右侧有前、后叠装的两个手柄，前面的手柄是丝杆、光杆变换手柄，后面的手柄有Ⅰ、Ⅱ、Ⅲ、Ⅳ 4 个挡位，用于与手轮配合，以调整螺距或进给量。根据加工要求调整所需螺距或进给量时，可通过查找进给箱油池盖上的调配表来确定手轮和手柄的具体位置。

（4）中、小滑板镶条间隙调整

中、小滑板手柄摇动的松紧程度要适当，过紧或过松都需进行调整，中、小滑板镶条调整方法相同，图 1-11 所示为中滑板镶条的调整方法。

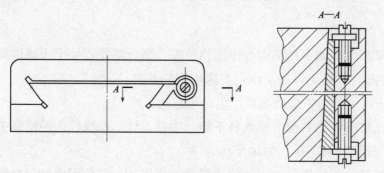

图 1-11　中滑板镶条的调整方法

调整时应先看清镶条大、小端的方向，如镶条间隙太大，可将小端处螺钉松开，将大端处螺钉向里旋进，这样镶条大端向里间隙就会变小，反之，则间隙增大。调整后要试摇一次，要求轻便、灵活，但又不可有明显间隙。

（5）溜板箱的操作

溜板箱结构及部分名称如图 1-12 所示。

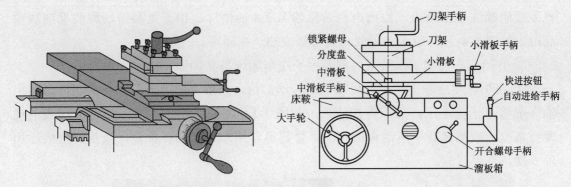

图 1-12 溜板箱结构及各部分名称

溜板箱部分实现车削时绝大部分的进给运动：床鞍及溜板箱作纵向移动，中滑板作横向移动，小滑板可作纵向或斜向移动。进给运动有手动进给和机动进给两种方式。

（6）尾座操作

尾座结构及各部分名称如图 1-13 所示。

① 手动沿床身导轨纵向移动尾座至合适的位置，逆时针方向扳动尾座固定手柄，将尾座固定。注意移动尾座时用力不要过大。

② 逆时针方向移动套筒固定手柄，摇动手轮，使套筒作进、退移动。顺时针方向转动套筒固定手柄，将套筒固定在选定的位置。

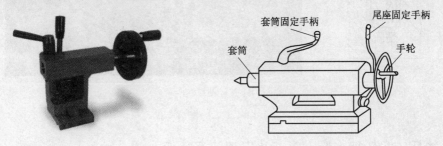

图 1-13 尾座

③ 擦净套筒内孔和顶尖锥柄，安装后顶尖；松开套筒固定手柄，摇动手轮使套筒后退以退出后顶尖。

2. 车床的润滑方式

为了使车床正常运转，减少磨损，延长车床的使用寿命，车床上所有摩擦部分（除胶带外）都需及时加油润滑。润滑的操作步骤如下：

① 操作前应观察主轴箱油标孔，主轴箱油位不应低于油标孔的一半。当车床开动时则从油标孔观察是否有油输出，如发现主轴箱油量不足或油标孔无油输出，应及时通知检修人员检查。

② 打开进给箱盖，检查油绳是否齐全，凡有脱落的油绳要重新插好，然后将全损

耗系统用油注在油槽内，油槽内储油量约为 2/3 油槽深。由于是利用油绳的毛细现象润滑，如图 1-4（a）所示，因此一般每周加油一次即可。

③ 开始工作前和工作结束后都要擦干净车床床身并加油一次。

④ 在车床尾座和中、小滑板手柄的转动部位，一般都装有压注油杯。润滑时要用油壶嘴将弹子向下压，然后将油注入，如图 1-14（b）所示。在车床的各滚动或滑动摩擦部位一般都装有压注油杯供润滑，要熟悉自用车床各油杯位置，做到每班依次加油一次，不可遗漏。

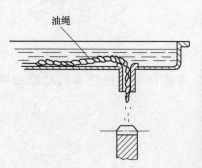

（a）油绳润滑

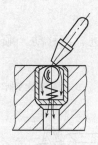

（b）压注油杯润滑

图 1-14　车床的润滑方法

⑤ 丝杠、光杠轴承座上方油孔中加油方法如图 1-15 所示。由于丝杠、光杠转动速度较快，因此要求做到每班加油一次。

⑥ 打开交换齿轮箱盖，在中间齿轮上的油脂杯内装入工业润滑脂，然后将杯盖向里旋进半圈，使润滑脂进入轴承套内，如图 1-16 所示，要求每周加油装满，每班则需将杯盖向里旋进一次。

当车床运转满 500 h 后，就需要进行一级保养。一级保养的内容是：清洗、润滑和进行必要的调整。一级保养时要切断电源，以操作工人为主，维修工人配合进行。

图 1-15　丝杠、光杠轴承润滑

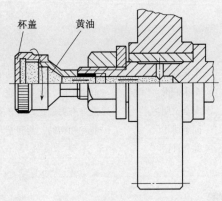

（a）实物图   （b）油脂杯结构示意图

图 1-16 油脂杯润滑

3. 车床日常保养的要求

为了保证车床的加工精度，延长其使用寿命，保证加工质量，提高生产效率，车工除了能熟练地操纵车床外，还必须学会对车床进行合理的维护、保养。

① 每班工作后应切断电源，擦净车床外表面，擦净车床各导轨面（包括中滑板和小滑板），要求无切屑，无油污，并浇油润滑。

② 每班工作结束后清扫切屑盘及车床周围场地，保持场地清洁。

③ 每周保养时要求车床三个导轨面及转动部件清洁、润滑、油眼畅通，油标油窗清晰，并保持车床外表清洁和场地整齐等。

④ 变换主轴转速时必须停车，以免损坏主轴箱内的齿轮。

⑤ 操作中若出现异常现象应及时停车检查；出现故障、事故应立即切断电源，由专业人员来修理并及时上报有关部门。

练一练

1. 分组操作，每人正确、规范进行机床启动、变速操作、进给操作一次。
2. 每组成员对车床进行一次润滑保养。

任务评价

本任务的评价标准如表 1-4 所示。

表1-4　任务三考核评价表

序号	评价内容	评 价 标 准	配分	评 价 结 果/分		综合得分
				组评	教师评	
1	车床的操作	操作正确，进给移动平稳	30			
2	车床润滑、保养	润滑全面，保养整洁、到位	30			
3	安全文明生产	遵守有关规定，符合安全要求	30			
4	同组协作	能互相帮助，共同学习	10			
5	综合评语					
6	姓名		日期			

知识拓展

车床的一级保养

车床一级保养根据各自生产情况而定。区别于日常保养，一般车床运行 500 h 后进行一级保养，以操作工人为主，维修工人配合进行。首先切断电源，然后进行保养工作（见表 1-5）。一级保养如果做得好做得到位，就可以很大程度延长大修周期，节省费用提高产能。

表1-5　车床的一级保养工作

序号	保养部位	保 养 内 容 及 要 求
1	外保养	① 清洗车床外表、各罩盖内外清洁，无黄斑、无死角 ② 清洗丝杠、光杠、操纵杠等外露精密表面，无毛刺、无锈蚀 ③ 检查补齐外部缺件
2	传动	① 检查主轴背帽及固定轴丝有无松动，定位轴丝调整适当 ② 调整摩擦片及制动器 ③ 检查清洗导轨面、修光毛刺，清洗调整楔铁，清洁导轨毡垫、确认接触良好 ④ 检查皮带，必要时调整松紧
3	刀架溜板	① 拆洗大、小刀架丝杠、螺母及压板 ② 调整斜铁及丝杠丝母
4	挂轮箱	① 拆洗齿轮，轴套并注入新油脂 ② 调整齿轮间隙 ③ 轴套无晃动现象
5	尾座	① 拆洗尾座，做到内外清洁 ② 调整顶尖同心度
6	润滑	① 油质油量符合要求 ② 油路畅通，油窗醒目 ③ 润滑装置齐全、清洁好用 ④ 清洗滤油器
7	冷却	① 清洗过滤网 ② 冷却液池无沉淀、无杂物 ③ 管道畅通、整齐、固定牢
8	附件	清洁、整齐、防锈
9	电器	① 清扫、检查 ② 电器装置固定整齐，动作可靠，触点良好

项目二 会选用车刀与切削参数

工欲善其事，必先利其器。为了在车床上做良好的切削，正确地准备和使用刀具是很重要的工作。不同的切削工作需要不同形状的车刀，切削不同的材料要求刀口具有不同的刀角，车刀和工件的位置和速度应有一定相对的关系，车刀本身也应具备足够的硬度、强度，而且具有耐磨、耐热性。因此，如何选择车刀材料、刀具角度等都是重要的考虑因素。

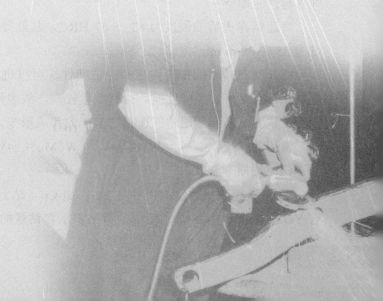

任务一　会选用车刀

任务目标

- 了解常用车刀的材料、种类和用途。
- 掌握车刀的组成及其几何角度。

任务描述

仔细观察车刀的形状、结构特点，认识车刀的"三面、两刃、一尖"。

任务过程

学一学

1. 车刀的材料

刀具材质的改良和发展是金属加工发展的重要课题之一，因为良好的刀具材料能有效、迅速地完成切削工作，并保持较长的刀具寿命。一般常用车刀材质有下列几种：

（1）高速钢

高速钢是指含较多钨、铬、铝等合金元素的高合金工具钢，俗称锋钢或白钢。其特点是：制造简单；有较高的硬度（63～66 HRC）、耐磨性和耐热性（600～660℃）；有足够的强度和韧性；有较好的工艺性；能承受较大的冲击力；可制造形状复杂的刀具，如特种车刀、铣刀、钻头、拉刀和齿轮刀具等，但不能用于高速切削。常用高速钢的牌号与性能如下：

高速钢淬火后的硬度为63～67 HRC，其红硬温度550～600 ℃，允许的切削速度为25～30 m/min。

高速钢有较高的抗弯强度和冲击韧性，可以进行铸造、锻造、焊接、热处理和切削加工，有良好的磨削性能，刃磨质量较高，故多用来制造形状复杂的刀具，如钻头、铰刀、铣刀等，亦常用作低速精加工车刀和成形车刀。

常用的高速钢牌号为W18Cr4V和W6Mo5Cr4V2两种。

（2）硬质合金

① 钨钴类硬质合金的代号是YG，由Co（钴）和WC（碳化钨）组成。常用牌号有YG3、YG6、YG8等，后面的数字表示含钴量的百分比，含钴量愈高，其承受冲击

的性能就愈好。因此，YG8 常用于粗加工，YG6 和 YG3 常用于半精加工和精加工。其特点是：韧性好，抗弯强度高，不怕冲击，但是硬度和耐热性较低。适用于加工铸铁、青铜等脆性材料。

② 钨钴钛类硬质合金的代号是 YT，由 WC（碳化钨）、TiC（碳化钛）、Co（钴）组成。常用牌号是 YTl5 等。其特点是：硬度为 89 ~ 93 HRA，耐热温度为 800 ~ 1000 ℃；耐磨性、抗氧化性较高；但抗弯强度、冲击韧度较低。适用于加工碳钢、合金钢等到塑性材料。

加入碳化钛可以增加合金的耐磨性，可以提高合金与塑性材料的黏结温度，减少刀具磨损，也可以提高硬度；但韧性差，更脆、承受冲击的性能也较差，一般用来加工塑性材料。

常用牌号有 YT5、YT15、YT30 等，后面的数字是碳化钛含量的百分数，碳化钛的含量愈高，红硬性愈好；但钴的含量相应愈低，韧性愈差，愈不耐冲击，所以 YT5 常用于粗加工，YT15 和 YT30 常用于半精加工和精加工。

③ 钨钽（铌）钴类硬质合金的代号是 YA，由 WC、TaC（NbC）和 Co 组成。其特点是：保持了 YG 类硬质合金的抗弯强度和韧性，又提高了刀具的硬度、耐磨性、耐热性，弥补了 YG 类硬质合金的不足。适用于加工铸铁、青铜等脆性材料，也适用于加工碳钢和合金钢。

④ 机床钨钛钽（铌）钴硬质合金的代号是 Yw，由 WC、TiC、TaC（NbC）和 Co 组成。其特点是：由于在 YT 类硬质合金中加入了适量 TaC（NbC），保持了原来的硬度、耐磨性，提高了抗弯强度、韧性和耐热度，弥补了 w 类硬质合金的不足。适用于加工碳钢、合金钢等塑性材料，也可加工脆性材料。

（3）机床涂层刀具材料

硬质合金或高速钢刀具通过化学或物理方法在其表面上涂层耐磨性好的难熔金属化合物。其特点是：既能提高刀具材料的耐磨性，又降低其韧性。适用于高速钢刀具和硬质合金。一般涂层的厚度为 5 ~ 12 mm。一般而言，在相同的切削速度下，涂层高速钢刀具的耐磨损比未涂层的提高 2 ~ 10 倍；涂层硬质合金刀具的耐磨损比未涂层的提高1 ~ 3 倍。

（4）超硬刀具材料

① 陶瓷。陶瓷是在高压、高温下烧结而成。其特点是：硬度为 80 HRA，耐磨性好，耐热性高；脆性大，强度较低，只有一般硬质合金的 1/3 左右，不能承受冲击负荷。适用于精车、半精车，被认为是提高产品质量和生产率的最佳刀具材料之一。

② 金刚石。金刚石分为天然金刚石和人造金刚石两种，天然金刚石数量稀少，所以价格昂贵应用极少。人造金刚石是在高压、高温条件下，由石墨转化而成，价格相对较低，应用较广。其特点是：硬度极高可达 10 000 HV，耐磨性很好，摩擦因数是所有刀具材料中最小的；但耐热性较差，抗弯强度低，脆性大。

③ 立方氮化硼。立方氮化硼是由软的立方氮化硼在高压、高温条件下加入催化剂转变而成。其特点是：硬度仅次于金刚石，为 8000 ~ 9000 HV，耐磨性好，耐热性高，

摩擦因数小。立方氮化硼一般在干切削条件下，对钢材、铸铁进行加工。

2. 车刀的种类和用途

根据不同的车削加工内容，常用的车刀有外圆车刀、端面车刀、切断刀、内孔车刀、圆头车刀和螺纹车刀等，如图 2-1 所示。

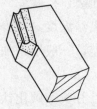 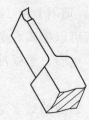   

（a）外圆车刀　　（b）端面车刀　　（c）切断刀　　（d）内孔车刀　　（e）圆头韧　　（f）螺纹车刀

图 2-1　常用车刀

车刀按结构分类，有整体式、焊接式、机夹式和可转位式四种类型，如图 2-2 所示。其特点与用途如表 2-1 所示。

（a）整体式车刀　　　　（b）焊接式车刀　　　　（c）机夹式车刀　　　　（d）可转位式车刀

图 2-2　车刀种类

表2-1　车刀结构类型、特点及用途

名　称	特　　　点	适用场合
整体式车刀	用整体高速钢制造，刃口可磨得较锋利	小型车床或加工有色金属
焊接式车刀	焊接硬质合金或高速钢刀片，结构紧凑，使用灵活	各类车刀特别是小刀具
机夹式车刀	避免了焊接产生的应力、裂纹等缺陷，刀杆利用率高。刀片可集中刃磨获得所需参数。使用灵活方便	外圆、端面、镗孔、切断、螺纹车刀等
可转位式车刀	避免了焊接刀的缺点，刀片可快换转位，生产率高，断屑稳定，可使用涂层刀片	大中型车床加工外圆、端面、镗孔，特别适于自动线、数控机床

3. 车刀的组成

车刀由刀头和刀体两部分组成。刀头用于切削，刀体用于安装。

刀头一般由三面、两刃、一刀尖组成，如图 2-3 所示。

① 前面：切屑流经过的表面。

② 主后面：与工件切削表面相对的表面。

③ 副后面：与工件已加工表面相对的表面。

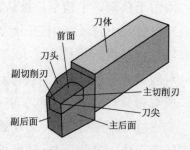

图 2-3　刀头的组成

④ 主切削刃：前面与主后面的交线，担负主要的切削工作。

⑤ 副切削刃：前面与副后面的交线，担负少量的切削工作，起一定的修光作用。

⑥ 刀尖：主切削刃与副切削刃的相交部分，一般为一小段过渡圆弧。

4. 车刀角度对加工的影响

（1）车刀角度的辅助平面

为了确定车刀的角度，要建立三个坐标平面：切削平面、基面和正交平面，如图 2-4 所示。

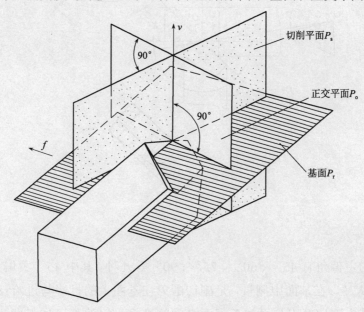

图 2-4 车刀角度的辅助平面

① 基面：通过切削刃上选定点，垂直于该点切削速度方向的平面。

② 切削平面：通过切削刃选定点，与切削刃相切并垂直于基面的平面。

③ 正交平面：通过切削刃选定点，同时垂直于基面和切削平面的平面。

（2）车刀的主要角度及其作用

车刀的主要角度有前角（γ_o）、后角（α_o）、主偏角（K_r）、副偏角（K_r'）和刃倾角（λ_s）等，如图 2-5 所示。

① 前角 γ_o：在主剖面中测量，是前面与基面之间的夹角。其作用是使刀刃锋利，便于切削。但前角不能太大，否则会削弱刀刃的强度，容易磨损甚至崩坏。加工塑性材料时，前角可选大些，如用硬质合金车刀切削钢件可取 $\gamma_o=10° \sim 20°$，加工脆性材料，车刀的前角 γ_o 应比粗加工大，以利于刀刃锋利，工件的表面粗糙度小。

② 后角 α_o：在主剖面中测量，是主后面与切削平面之间的夹角。其作用是减小车削时主后面与工件的摩擦，一般取 $\alpha_o=6° \sim 12°$，粗车时取小值，精车时取大值。

③ 主偏角 K_r：在基面中测量，它是主切削刃在基面的投影与进给方向的夹角。其

作用有两点，其一是可改变主切削刃参加切削的长度，影响刀具寿命；其二是影响径向切削力的大小。小的主偏角可增加主切削刃参加切削的长度，因而散热较好，对延长刀具使用寿命有利。但在加工细长轴时，工件刚度不足，小的主偏角会使刀具作用在工件上的径向力增大，易产生弯曲和振动，因此，主偏角应选大些。

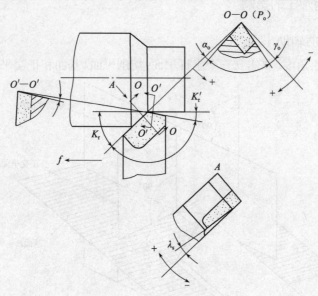

图 2-5　车刀的主要角度

车刀常用的主偏角有 45°、60°、75°、90° 等几种，其中 45° 主偏角应用较多。

④ 副偏角 $K_r{}'$：在基面中测量，是副切削刃在基面上的投影与进给反方向的夹角。其主要作用是减小副切削刃与已加工表面之间的摩擦，以改善已加工表面的粗糙度。

在切削深度 a_p、进给量 f、主偏角 K_r 相等的条件下，减小副偏角 $K_r{}'$，可减小车削后的残留面积，从而减小表面粗糙度，一般选取 $K_r{}' = 5° \sim 15°$。

⑤ 刃倾角 λ_s：在切削平面中测量，是主切削刃与基面的夹角。其作用主要是控制切屑的流动方向。主切削刃与基面平行时，$\lambda_s = 0°$；刀尖处于主切削刃的最低点，λ_s 为负值，刀尖强度增大，切屑流向已加工表面，用于粗加工；刀尖处于主切削刃的最高点时，λ_s 为正值，刀尖强度削弱，切屑流向待加工表面，用于精加工。车刀刃倾角 λ_s，一般在 $-5° \sim +5°$ 选取。

练一练

学生分小组，由组员轮流扮演讲解员对车刀进行介绍。

1. 常用车刀的种类有哪些？用途如何？

2. 车刀由哪些部分组成？"三面、二刃、一尖"指的是什么？

3. 在不同的辅助平面内可测量车刀的什么角度？它们的作用如何？

任务评价

本任务的评价标准如表2-2所示。

表2-2 任务一考核评价表

序号	评价内容	评价标准	配分	评价结果/分		综合得分
				组评	教师评	
1	常用车刀的种类和用途	正确讲解得满分	30			
2	车刀的三面、二刃、一尖	正确讲解得满分	30			
3	在不同的辅助平面内可测量车刀角度和作用	正确讲解得满分	40			
4	综合评语					
5	姓名		日期			

知识拓展

合理选择车刀几何角度（1）

车刀几何角度是指车刀切削部分各几何要素之间，或它们与参考平面之间构成的两面角或线、面之间的夹角。它们分别决定着车刀的切削刃和各刀面的空间位置。根据"一面二角"理论可知，车刀的独立标注角度有六个，它们分别是：确定车刀主切削刃位置的主偏角 K_r 和刃倾角 λ_s；确定车刀前面 A_r 与后面 A_a 的前角 γ_o 和后角 α_o；确定副切削刃及副后面 A'_a 的副偏角 K_r' 和副后角 α_o'。

这些几何角度对车削过程影响很大，其中尤其以主偏角 K_r、前角 γ_o、后角 α_o 和刃倾角 λ_s 的影响更为突出，科学合理地选择车刀的几何角度，对车削工艺的顺利实施起着决定性的作用。

（1）车刀前角选择原则

前角主要影响切削过程中的变形和摩擦、刀具强度，改变散热条件，影响刀具的耐用度。选择前角时，应该综合考虑材料和加工工艺的要求。一般认为，在刀具强度允许的条件下，尽量选用大前角。例如，高速钢的强度高、韧性好，硬质合金脆性大、怕冲击，因此，高速钢刀具的前角可比硬质合金刀具的前角大5°左右，陶瓷刀具的脆性更大，前角不能太大。另外，如果被加工的材料导热系数低，应该选择小前角车刀，以改善系统的散热效果，提高车刀的耐用度。特别需要说明的是，在加工高强度材料时，为了防止车刀的破损，常采用负前角，以提高车刀的使用寿命。

（2）车刀后角的选择原则

后角主要影响切削时的摩擦和刀具强度。当工件材料的强度、硬度较高时，宜取较小的后角，以提高刀具强度；当工艺系统刚性较差时，应适当减小后角，防止系统产生振动；当加工精度要求较高时，应采用小后角。

（3）主偏角的选择原则

主偏角主要影响刀具强度、耐用度和工艺系统加工的稳定性。一般认为，在工艺系统刚性不足时，常取较大主偏角，以减小切削力。加工高强度、高硬度材料时，取较小主偏角以提高刀具的耐用度。副偏角影响工件的表面质量和刀具强度，在系统不易产生振动和摩擦的条件下，应选择较小的副偏角。

（4）车刀刃倾角的选择原则

刃倾角主要影响切屑的倾向和刀具的强度及其锋利程度。在无冲击的正常车削时，刃倾角一般取正值，如果切削时有间断冲击，选择负刃倾角能提高刀头强度，保护刀尖。当系统刚性不足时，不宜采用负刃倾角，否则会因为切深抗力 F_y 的增大，引起系统的振动而影响加工质量。

任务二　刃磨、安装车刀

 任务目标

- 掌握车刀刃磨的一般步骤。
- 了解砂轮的种类与选用原则。
- 掌握车刀刃磨后的研磨。

任务描述

示范车刀的刃磨与一般步骤，进行刀具的刃磨训练，相互检测并符合一定的要求。

任务过程

 学一学

车刀（指整体车刀与焊接车刀）用钝后，是在砂轮机上重新刃磨的。磨高速钢车刀用氧化铝砂轮（白色），磨硬质合金刀头用碳化硅砂轮（绿色）。

1. 砂轮的选择

砂轮是用磨料和结合剂等制成的中央有通孔的圆形固结磨具。它是磨削加工中最主要的一类磨具。砂轮是在磨料中加入结合剂，经压坯、干燥和焙烧而制成的多孔体。由于磨料、结合剂及制造工艺不同，砂轮的特性差别很大，因此对磨削的加工质量、生产率和经济性有着重要影响。砂轮的特性主要是由磨料、粒度、结合剂、硬度、组织、形状和尺寸等因素决定，现介绍如下。

（1）磨料

常用的磨料有氧化物系、碳化物系和高硬磨料系三种。目前工厂常用的是氧化铝砂轮和碳化硅砂轮。氧化铝砂轮磨粒硬度低（2 000～2 400HV）、韧性大，适用于刃磨高速钢车刀，其中白色的称为白刚玉，灰褐色的称为棕刚玉。

碳化硅砂轮的磨粒硬度比氧化铝砂轮的磨粒高（2 800HV以上）、性脆而锋利，并且具有良好的导热性和导电性，适用于刃磨硬质合金。其中常用的是黑色和绿色的碳化硅砂轮，而绿色的碳化硅砂轮更适用于刃磨硬质合金车刀。

（2）粒度

粒度表示磨粒大小的程度。以磨粒能通过每英寸（1英寸=25.4mm）筛网长度上多少个孔眼的数字作为表示符号。例如，60粒度是指磨粒刚可通过每英寸长度上有60个孔眼的筛网。因此，数字越大则表示磨粒越细。粗磨车刀应选磨粒号数小的砂轮，精磨车刀应选磨粒号数大（即磨粒细）的砂轮。

（3）结合剂

砂轮中用以黏结磨料的物质称结合剂。砂轮的强度、抗冲击性、耐热性及抗腐蚀能力主要决定于结合剂的性能。常用结合剂种类、性能及用途见表2-3。

表2-3　常用结合剂种类、性能及用途

种　类	代　号	性　能	用　途
陶瓷	V	耐热性、耐腐蚀性好、气孔率大、易保持轮廓、弹性差	应用广泛，适用于$v<35$ m/s的各种成形磨削、磨齿轮、磨螺纹等
树脂	B	强度高、弹性大、耐冲击、坚固性和耐热性差、气孔率小	适用于$v>50$ m/s的高速磨削，可制成薄片砂轮，用于磨槽、切割等
橡胶	R	强度和弹性更高、气孔率小、耐热性差、磨粒易脱落	适用于无心磨的砂轮和导轮、开槽和切割的薄片砂轮、抛光砂轮等
金属	M	韧性和成形性好、强度大、但自锐性差	可制造各种金刚石磨具

（4）硬度

砂轮的硬度是反映磨粒在磨削力作用下，从砂轮表面上脱落的难易程度。砂轮硬，即表面磨粒难以脱落；砂轮软，表示磨粒容易脱落。砂轮的软硬和磨粒的软硬是两个不同的概念，必须区分清楚。刃磨高速钢车刀和硬质合金车刀时应选软或中软的砂轮。

（5）组织

砂轮的组织是指组成砂轮的磨粒、结合剂、气孔三部分体积的比例关系。通常以磨粒所占砂轮体积的百分比来分级。砂轮有三种组织状态：紧密、中等、疏松；细分成 0 ～ 14 号，共 15 级。组织号越小，磨粒所占比例越大，砂轮越紧密；反之，组织号越大，磨粒比例越小，砂轮越疏松。

（6）形状尺寸

根据机床结构与磨削加工的需要，砂轮制成各种形状与尺寸。砂轮的外径应尽可能选得大些，以提高砂轮的圆周速度，这样对提高磨削加工生产率与表面粗糙度有利。此外，在机床刚度及功率许可的条件下，如选用宽度较大的砂轮，同样能收到提高生产率和降低粗糙度的效果，但是在磨削热敏性高的材料时，为避免工件表面的烧伤和产生裂纹，砂轮宽度应适当减小。

综上所述，我们应根据刀具材料正确选用砂轮。刃磨高速钢车刀时，应选用粒度为 46 ～ 60 号的软或中软的氧化铝砂轮。刃磨硬质合金车刀时，应选用粒度为 60 ～ 80 号的软或中软的碳化硅砂轮，两者不能搞错。

2. 车刀的一般刃磨步骤

① 磨主后面，同时磨出主偏角及主后角，如图 2-6（a）所示。

② 磨副后面，同时磨出副偏角及副后角，如图 2-6（b）所示。

③ 磨前面，同时磨出前角，如图 2-6（c）所示。

④ 修磨各刀面及刀尖，如图 2-6（d）所示。

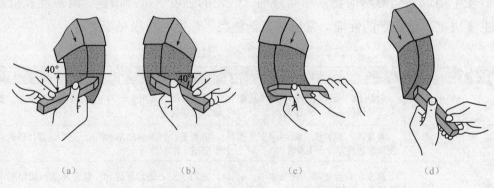

|（a）|（b）|（c）|（d）|

图 2-6　车刀的刃磨步骤

3. 90° 右偏刀的刃磨步骤

① 磨主后面。磨出车刀的主偏角 K_r 和后角 α_o，如图 2-7（a）所示。

② 磨副后面。磨出车刀的副偏角 K_r' 和副后角 α_o'，如图 2-7（b）所示。

③ 磨前面。磨出车刀的前角 γ_o。和刃倾角 λ_s，如图 2-7（c）、（d）、（e）所示。

④ 磨断屑槽。根据需要在前刀面上磨出相应的断屑槽，并倒棱，如图 2-7（f）所示。

⑤ 进一步精磨各面，直到各面平整光滑。

⑥ 磨出刀尖圆弧。

⑦ 用油石研磨各面。使各刀面看不出磨削痕迹，车刀的切削刃更锋利，更耐用。

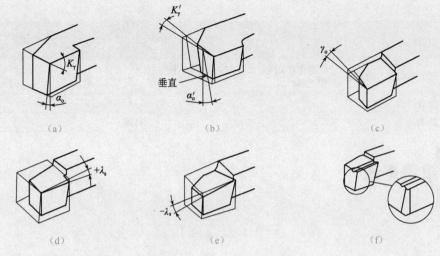

图 2-7 90°右偏刀的刃磨步骤

4．刃磨车刀的姿势及方法

① 人站立在砂轮机的侧面，以防砂轮碎裂时，碎片飞出伤人。

② 两手握刀的距离放开，两肘夹紧腰部，以减小磨刀时的抖动。

③ 磨刀时，车刀要放在砂轮的水平中心，刀尖略向上翘 3°～8°，车刀接触砂轮后应作左右方向水平移动。当车刀离开砂轮时，车刀需向上抬起，以防磨好的刀刃被砂轮碰伤。

④ 磨后面时，刀杆尾部向左偏过一个主偏角的角度；磨副后面时，刀杆尾部向右偏过一个副偏角的角度。

⑤ 修磨刀尖圆弧时，通常以左手握车刀前端为支点，用右手转动车刀的尾部。

练一练

1．刃磨车刀的一般步骤是什么？

2．分组每人正确、规范地进行一次 90°右偏车刀的刃磨。

任务评价

本任务的评价标准如表 2-4 所示。

表2-4 任务二考核评价表

序号	评价内容	评价标准	配分	评价结果/分		综合得分
				组评	教师评	
1	砂轮的正确选择	正确选择得满分	20			
2	刃磨车刀的一般步骤	正确讲解步骤，说出操作安全标准得满分	30			

续表

序号	评价内容	评 价 标 准	配分	评价结果/分 组评	教师评	综合得分
3	90°右偏车刀的刃磨	遵守有关规定，符合安全要求，操作正确	50			
4	综合评语					
5	姓名		日期			

知识拓展

合理选择车刀几何角度（2）

车刀刃磨水平的高低直接关系到产品的生产效率、加工质量、设备能耗和产品成本，甚至关系到操作者的人身安全，也反映出操作者对加工主体的特性和切削用量的灵活应变能力。

合理选择车刀的几何参数是决定刃磨质量的关键，其主要体现于对车刀角度和前面形状的合理选择。两者既相互依赖又相互制约，一把车刀不能只有一个角度，如果只有一个角度选择合理，其切削效果也不一定理想，操作者必须根据工件材料、车刀材料、切削用量以及工件、车刀、夹具和车床的刚性等各方面因素，全面分析，找出切削过程中的主要矛盾，合理选择车刀的角度和前面形状。

1. 切断刀几何参数的选择

在选择切断刀的几何参数时，应首先考虑保证切削刃足够锋利，在此前提下，再确保其具有足够的强度，所以前角应该作为选择的主要参数，一般高速钢切断刀前角应取20°～25°，硬质合金的钢件切断刀前角应取8°～20°，硬质合金的铸铁件切断刀前角选取5°～10°。在维护车刀强度的问题上，应根据不同的工件材料、切削用量等因素，考虑采取以下方法：

① 刀杆部分细而长，所以只能取0.5°～1.5°的副偏角和1°～3°的副后角，以增加刀杆的强度。

② 车刀的切削部分深入工件，切削力和热大量集中在刀尖处，应各磨一个过渡刃，以保证刀尖。

③ 切断刀的切削刃一般较宽，且又深入工件里层，在正面切削力和侧面摩擦力作用下，容易引起振动而打坏刀具，所以主后角选取2°～5°。

④ 切断直径较大的工件时，切断刀的切削刃最好磨成大圆弧形。

⑤ 切断工件时，因受刀具安装误差和进给误差等因素的影响，平头的切断刀往往容易受侧向切削力的作用而歪斜，此时可以做成具有120°顶角的切断刀使侧向切削力保持平衡来维护刀具稳定。

⑥ 被切断的材料较硬时，切断刀除了做成120°顶角外，还应在刀刃上磨出负倒棱，以增强刀刃的强度。

⑦ 被切断的材料特别硬或进行强力切断时，可将刀杆下面加宽呈鱼肚形，以增强刀杆强度。

2. 淬硬钢车刀几何参数的选择

在选择车削高硬度材料（如淬硬钢）的车刀几何参数时，前角应取负值，再配合合适的其他角度，就能顺利地切削了。如果用前角为10°～20°的车刀车削淬硬钢，车刀很快就会磨损变钝或崩刃，所以锋利只有在一定的强度条件下，才能发挥作用。但是强度高不是最终目的，强度高是为锋利服务的，其目的是为了更好地发挥锋利的作用。被切削材料不同，对刀具强度的要求就不同，衡量车刀锋利的标准也就相应不同。例如，切削铝件时，车刀前角磨成25°或30°仍能保持较好的强度，对切削铝件来说这种车刀是锋利的。在车削钢件时，假如也选择这样大的前角，就失去了切削所需要的强度，它的锋利就不能有效地发挥作用，此时前角必须取得小一些。车淬硬钢时，车刀前角应选用负值，为-7°～-8°，这样车刀的锋利才能发挥有效作用。前角决定后，再按以下步骤选择合适的其他切削角度，以进一步增加刀具强度。

① 刃倾角也取成-7°～-8°，以增强刀尖强度。

② 取较小的后角2°～3°，以增大楔角。

任务三 了解切削用量与切削液

任务目标

- 了解车削运动与切削用量。
- 掌握切削液的作用、分类。
- 学会切削液的合理选用方法。

任务描述

观察车削运动，了解切削三要素，掌握切削液的种类、作用。

任务过程

学一学

车削加工就是在车床上，利用工件的旋转运动和刀具的直线运动或曲线运动来改变毛坯的形状和尺寸，将其加工成符合图纸要求的机械零件。

车削加工是在车床上利用工件相对于刀具旋转对工件进行切削加工的方法。车削加工的切削能主要由工件而不是刀具提供。车削是最基本、最常见的切削加工方法，在生产中占有十分重要的地位。车削适于加工回转表面，大部分具有回转表面的工件都可以用车削方法加工，如内外圆柱面、内外圆锥面、端面、沟槽、螺纹和回转成形面等，所用刀具主要是车刀。

1. 车削中的运动和加工表面

如图2-8所示，普通外圆车削加工中的切削运动是由两种运动单元组合成的，其一是工件的回转运动，它是切除多余金属以形成加工表面的基本运动；其二是车刀的（纵向或横向）进给运动，它保证了切削工作的连续进行。

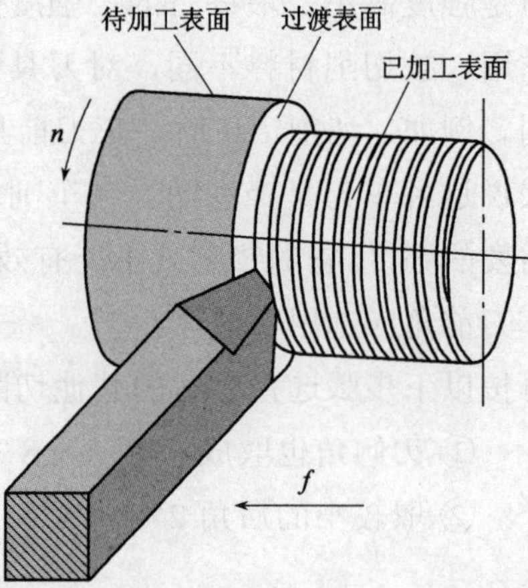

在切削运动作用下，工件上的切削层不断地被车刀切削并转变为切屑，从而加工出所需要的工件新表面。在这一表面形成的过程中，工件上有三个不断变化着的表面：

① 待加工表面：即将被切去金属层的表面。

② 过渡表面：切削刃正在切削的表面。

③ 已加工表面：已经切去多余金属而形成的新表面。

图 2-8 车削加工表面

2. 切削用量

在切削加工中切削速度、进给量和背吃刀量（切削深度）总称为切削用量。它表示主运动和进给运动量。

（1）背吃刀量 a_p

工件已加工表面和待加工表面之间的垂直距离，称为背吃刀量，用 a_p 表示，单位为 mm。车外圆时背吃刀量 a_p 为

$$a_p = \frac{d_w - d_m}{2}$$

式中：d_w——待加工表面直径，mm；

d_m——已加工表面直径，mm。

（2）进给量 f

刀具在进给运动方向上相对于工件的位移 f（mm/r），如车削加工：工件每转一圈，刀具相对工件的位移量。

（3）切削速度 v_c

切削速度 v_c（见图 2-9）与刀具耐用度的关系比较密切。随着 v_c 的增大，刀具耐用度急剧下降，故 v_c 的选择主要取决于刀具耐用度。另外，切削速度与加工材料也有很大关系，例如，用车刀加工合金钢 30CrNi2MoVA 时，v_c 可采用 8m/min 左右；而用同样的车刀铣削铝合金时，v_c 可选 200m/min 以上。计算公式如下：

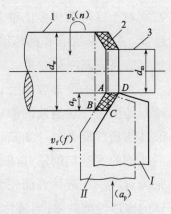

图 2-9 切削三要素
1—未加工表面；2—待加工表面；
3—已加工表面

$$v_c = \frac{\pi dn}{1000} = \frac{dn}{318}$$

式中：d——工件直径，mm；

n——工件转速，r/min。

主轴转速 n 根据切削速度 v_c 来选定。

3. 切削液的作用

在金属切削过程中，为提高切削效率，提高工件的精度和降低工件表面粗糙度，延长刀具使用寿命，达到最佳的经济效果，就必须减少刀具与工件、刀具与切屑之间的摩擦，及时带走切削区内因材料变形而产生的热量。要达到这些目的，一方面是通过开发高硬度耐高温的刀具材料和改进刀具的几何形状，如随着碳素钢、高速钢硬质合金及陶瓷等刀具材料的相继问世以及使用转位刀具等，使金属切削的加工效率得到迅速提高；另一方面采用性能优良的切（磨）削液往往可以明显提高切削效率，降低工件表面的粗糙度，延长刀具使用寿命，取得良好经济效益。切削液的作用有如下几方面：

（1）冷却作用

冷却作用是依靠切削液的对流换热和汽化把切削热从固体（刀具、工件和切屑）带走，降低切削区的温度，减少工件变形，保持刀具硬度和尺寸。

切削液的冷却作用取决于它的热参数值，特别是比热容和热导率。此外，液体的流动条件和热交换系数也起重要作用，热交换系数可以通过改变表面活性材料和汽化热大小来提高。水具有较高的比热容和大的导热率，所以水基切削液的切削性能要比油基切削液好。

改变液体的流动条件，如提高流速和加大流量可以有效地提高切削液的冷却效果，特别对于冷却效果差的油基切削液，加大切削液的供液压力和流量，可有效提高冷却性能。在枪钻深孔和高速滚齿加工中就采用这个办法。采用喷雾冷却，使液体易于汽化，也可明显提高冷却效果。

切削液的冷却效果受切削液的渗透性能所影响，渗透性能好的切削液，对刀刃的冷却速度快，切削液的渗透性能与切削液的黏度和浸润性有关。低黏度液体比高黏度液体渗透性能要好，油基切削液的渗透性能比水基切削液的渗透性能要强，含有表面活性剂的水基切削液其渗透性能则有较大的提高。切削液的浸润性能与切削液的表面张力有关，当液体表面张力大时，液体在固体的表面向周围扩张聚集成液滴，这种液体的渗透性能就差；当液体表面张力小时，液体在固体表面向周围扩展，固体－液体－气体的接触角很小，甚至为零，此时液体的渗透性能就好，液体能迅速扩展到刀具与工件、刀具与切屑接触的缝隙中，便可加强冷却效果。

冷却作用的好坏还与泡沫有关，由于泡沫内部是空气，空气的导热性差，泡沫多的切削液冷却效果会降低，所以一般含表面活性剂的合成切削液都加入了少量的乳化硅油，起到消泡作用。近年的研究表明，离子型水基切削液能通过离子反应，迅速消除切削和磨削时由于强烈摩擦所产生的静电荷，使工件不产生高热，起到良好的冷却效果，这类离子型切削液已广泛用作高速磨削和强力磨削的冷却润滑液。

（2）润滑作用

在切削加工中，刀具与切削、刀具与工件表面之间产生摩擦，切削液就是减轻这种摩擦的润滑剂。刀具方面，由于刀具在切削过程中带有后角，它与被加工材料接触部分比前面少接触压力也低，因此，后面的摩擦润滑状态接近于边界润滑状态，一般使用吸附性强的物质，如油性剂和抗剪强度降低的极压剂，都能有效地减少摩擦。前面的状况与后面不同，剪切区经变形的切削在受到刀具推挤的情况下被迫挤出，其接触压力大，切削也因塑性变形而达到高温，在供给切削液后，切削也因受到骤冷而收缩，使前面上的刀与切屑接触长度及切屑与刀具间的金属接触面积减少，同时还使平均剪切应力降低，这样就导致了剪切角的增大和切削力的减少，从而使工件材料的切削加工性能得到改善。在磨削过程中，加入磨削液后，磨削液渗入磨粒与工件及磨粒与磨屑之间形成润滑膜，由于这层润滑膜使得这些界面的摩擦减轻，防止磨粒切削刃的摩擦磨损，工件表面粗糙度降低。一般油基切削液比水基切削液的润滑作用优越，含油性、极压添加剂的油基切削液效果更好。油性添加剂一般是带有极压性基等的长链有机化合物，如高级脂肪酸、高级醇、动植物油脂等。油基添加剂是通过极性基吸附在金属的表面上形成一层润滑膜，减少刀具与工件、刀具与切屑之间的摩擦，从而达到减少切削阻力，延长刀具寿命，降低工件表面粗糙度的目的。油性添加剂的作用只限于温度较低的状况，当温度超过 200℃时，油性剂的吸附层受到破坏而失去润滑作用，所以一般低速、精密切削使用含有油性添加剂的切削液，而在高速、重切削的场合，应使用含有极压添加剂的切削液。所谓极压添加剂是一些含有硫、磷、氯元素的化合物，这些化合物在高温下与金属起化学反应，生成硫化铁、磷酸铁、氯化铁等，具有低剪切强度的物质，从而降低了切削阻力，减少了刀具与工件、刀具与切屑的摩擦，使切削过程易于进行。含有极压添加剂的切削液还可以抑制积屑瘤的生成，改善工件表面粗糙度。

氯化铁的结晶呈层状结构，所以剪切强度最低。氯化铁与硫化铁相比，其熔点低，在高温下（约400℃）会失去润滑作用。磷酸铁介于氯化铁和硫化铁之间，硫化铁耐高温性能（700℃）最好，在重负荷切削及难切削材料的加工中一般都使用含有硫极压剂的切削液。极压添加剂除了和钢、铁等黑色金属起化学反应生成具有低剪切强度的润滑膜外，对铜、铝等有色金属同样有这个作用。不过有色金属的切削一般不宜用活性极压添加剂，以免对工件造成腐蚀。切削液的润滑作用同样与切削液的渗透性有关，渗透性能好的切削液，润滑剂能及时渗入切屑与刀具界面和刀具与工件界面，在切屑、工件和刀具表面形成润滑膜，降低摩擦因数，减少切削阻力。

（3）清洗作用

在金属切削过程中，切屑、铁粉、磨屑、油污等物易黏附在工件表面和刀具、砂轮上，影响切削效果，同时使工件和机床变脏，不易清洗所以切削液必须有良好的清洗作用，对于油基切削液，黏度越低，清洗能力越强，特别是含有柴油、煤油等轻组分的切削液，渗透和清洗性能就更好。含有表面活性剂的水基切削液，清洗效果较好的表面活性剂一方面能吸附各种粒子、油泥，并在工件表面形成一层吸附膜，阻止粒子和油泥黏附在工件、刀具和砂轮上，另一方面能渗入粒子和油污黏附的界面上把粒子和油污从界面上分离，随切削液带走，从而起到清洗作用。切削液的清洗作用还应表现在对切屑、磨屑、铁粉、油污等有良好的分离和沉降作用。循环使用的切削液在回流到冷却槽后能迅速使切屑、铁粉、磨屑、微粒等沉降于容器的底部，油污等物悬浮于液面上，这样便可保证切削液反复使用后仍能保持清洁，保证加工质量和延长使用周期。

（4）防锈作用

在切削加工过程中，工件如果与水和切削液分解或氧化变质所产生的腐蚀介质接触，如与硫、二氧化硫、氯离子、酸、硫化氢、碱等接触就会受到腐蚀，机床与切削液接触的部位也会因此而产生腐蚀，在工件加工后或工序间存放期间，如果切削液没有一定的防锈能力，工件会受到空气中的水分及腐蚀介质的侵蚀而产生化学腐蚀和电化学腐蚀，造成工件生锈，因此，要求切削液必须具有较好的防锈性能，这是切削液最基本的性能之一。切削油一般都具备一定的防锈能力，如果工序间存放周期不长，可以不加防锈添加剂，因为在切削油中加入石油磺酸钡等防锈添加剂会使切削油的抗磨性能下降。

上述的冷却、润滑、洗涤、防锈四个性能不是完全孤立的，它们有统一的方面，又有对立的方面。如切削油的润滑、防锈性能较好，但冷却、清洗性能差；水溶液的冷却、洗涤性能较好，但润滑和防锈性能差。因此，在选用切削液时要全面权衡利弊。

4．切削液的分类

切削加工中常用的切削液可分为三大类：水溶液、乳化液、切削油。

（1）水溶液

水溶液的主要成分是水，它的冷却性能好。

（2）乳化液

乳化液是乳化油用水稀释而成。乳化油是由矿物油、乳化剂及添加剂配成的，用95% ～ 98% 水稀释后即成为乳白色或半透明状的乳化液。

（3）切削油

切削油的主要成分是矿物油，少数采用动植物油或复合油。

5．切削液的选用

切削液的选用原则是根据工件材料、刀具材料、加工方法和加工要求等选用。在选择切削液时应注意下列几点：

（1）粗加工

粗加工时应选以冷却作用为主的切削液。硬质合金刀具由于耐热性好，一般不用切削液。

（2）精加工

在中、低速切削时选用润滑性好的极压切削油或高浓度的极压乳化液。用硬质合金刀片高速切削时，选用以冷却作用为主的低浓度乳化液或水溶液。

（3）切削难加工材料

切削难加工材料时宜选用极压切削油或极压乳化液。

（4）磨削加工

磨削时使用的切削液应具有良好的冷却清洗作用，并有一定的润滑性能和防锈作用，故一般常用乳化液和离子型切削液。

练一练

1．指出车端面的主运动和进给运动，并用示意图表示。
2．说明切削用量三要素的意义。
3．说明切削液的种类及其作用。

任务评价

本任务的评价标准如表 2-5 所示。

表2-5 任务三考核评价表

序号	评价内容	评价标准	配分	评价结果/分		综合得分
				组评	教师评	
1	用示意图表示车端面的主运动和进给运动	现场正确讲解得满分	40			
2	切削用量三要素	正确讲解得满分	30			
3	切削液的种类及作用	正确讲解得满分	30			
4	综合评语					
5	姓名		日期			

知识拓展

现代切削液的特点及发展趋势

随着现代机械制造业的快速发展，切削技术和切削工艺的不断创新对切削液的性能提出了更高要求。尤其是近年来环境保护和人类健康日益成为全社会关注的焦点，而切削液会对环境和人体造成污染和损害，因此切削液的使用和废液处理已受到日益严格的制约。在工业发达国家，使用切削液加工时产生的烟雾量也要受到严格限制，对某些切削液废液及带有切削液的切屑，要求必须作为有毒材料加以处理，其处理成本不断提高。为了适应社会发展的要求，现代切削液技术的发展出现了一些新的特点。

1. 开发高性能、长寿命、低污染的切削液

近年来，我国进口数控机床、加工中心等先进制造设备越来越多，所需切削液若长期依赖进口，因价格昂贵，将使生产成本大幅度上升。因此，研制高性能切削液以替代进口产品已成当务之急。目前，我国水基切削液的使用范围越来越广，且已开始从乳化液向性能好、寿命长的合成切削液、微乳化液过渡。在发达国家，微乳化液已普遍使用，并正在大力研究环保型切削液。

目前，国内外切削液研究的重点内容包括：研制高性能切削液，研究延长切削液使用寿命的供液方法以减少废液排放量；研究更有效和更经济的废液处理方法，除使

其达到排放标准之外，还应尽可能减少有害污染物在环境中的积累。

2. 控制切削液的最小用量

传统的切削液供液方法常采用浇注法，尤其对于水基切削液，通常是将一定压力、较大流量的切削液喷射覆盖到切削区，以起到润滑、冷却等作用。在加工条件发生变化时，如在更换工件材料或更换刀具类型及几何参数的情况下，通常也不会（或很少）调整切削液用量，这显然会使切削液使用过度。通过对切削液的浓度、工件材料、刀具类型及几何参数等进行测试与研究，并对工件表面粗糙度、积屑瘤和切削力等作出分析，通过试验可得出最适当的切削液用量。美国 Thyssen 制造公司正全力研究"最小润滑"加工技术，使切削液液流或气雾通过刀具作用于加工区域，切削液的流量由 CNC 程序控制，效果十分理想。

3. 开发传统切削液的替代品

在这方面研究最多的是液氮冷却。氮气是大气中含量最多的成分，液氮作为制氧工业的副产品，资源十分丰富。以液氮作为切削液，使用后直接挥发成气体返回大气中，不会产生任何污染物，从环保角度看，是一种极有前途的切削液替代品。利用液氮冷却刀杆或夹具，减少了刀具磨损，可提高切削效率和加工质量。同时液氮可显著降低磨削区温度，减少磨削烧伤。

4. 进行干切削

目前，国外已有严格的法规限制某些切削液的使用，且废液处理费用极高。因此，在美国、德国等工业发达国家均大力倡导采用干式切削工艺。目前采用干式切削加工铸铁材料已无问题，如美国 LeBlong Makino 公司提出的"红月牙"铸铁加工法，采用陶瓷和 CBN 刀具，在高速和大进给量加工时，使热量很快聚集到刀具前端，使其呈红热状态，当工件被加热到 371℃ 时，其屈服强度减小，可获得较高的金属切除率。铝材在发动机及动力系统中应用量很大，因此铝材的干式切削也受到重视。据报道，BigThree 公司的高速金刚石干式加工系统（转速 1 500r/min），用于变速箱上铝质通道板的加工，加工精度达 0.05mm，每小时可加工 600 件，与磨削加工相比，每年可节约 300 多万美元。另外，对钢和镁等材料的干式切削工艺也在研究之中。

5. 利用气体冷却

在某些应用场合，可利用旋风喷雾器来降低切削温度，如喷气冷却。有人预测，将来如采用高性能刀具材料和排屑性能极好的刀片断屑槽型，结合使用冷却气体，可实现不再使用切削液的目标。

6. 现代切削液发展趋势

目前，国内外学者正在努力探索减少或消除环境污染的切削加工方法，研究开发的重点是：大力开发对生态环境和人类健康副作用小、加工性能优越的切削液，朝着对人类和环境完全无害的绿色切削液方向发展。同时，努力改进供液方法，优化供液参数和加强使用管理，以延长切削液的使用寿命，减少废液排放量。此外，还应进一步研究废液的回收利用和无害化处理技术。开发传统切削液的替代品，并加强实用化技术、经济性评价和适用范围等方面的研究。

项目三  车削轴类零件

在学习机加工的过程中，车削外圆、端面、沟槽及切断是最基本的项目，熟练后才能进行车阶台轴的练习，只有在此基本车削的基础上才能进行别的加工，所以请同学们好好学习噢！

任务一　车削外圆与端面

任务目标

- 正确选用外圆车刀。
- 掌握零件的检测方法。
- 完成图样上外圆与端面的车削。

任务分析

　　合理选择外圆车刀，熟悉游标卡尺、千分尺的正确使用，按要求分步加工零件，分组进行检测。

任务过程

学一学

1. 工件的装夹

装夹工件时为确保安全，应将主轴变速手柄置于空挡位置。工件的装夹步骤如下：

（1）工件的安装

张开爪盘，将工件放在卡盘内，如图3-1所示，调整松紧，右手持稳工件，尽量使工件轴线与卡爪轴线保持平行。在满足加工需要的情况下，尽量减少工件伸出量。

（2）检查径向圆跳动

三爪自定心卡盘相对于长度较短的工件，能够自动定心找正。但相对于装夹长度短但加工面较长的工件时，可能会出现偏斜现象，一般在离卡盘最远处的跳动量最大，如果跳动量大于加工余量，必须先找正才能加工。

（a）

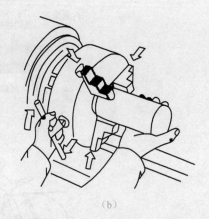

（b）

图 3-1 工件的安装

2．测量工具的选用

量具是能够检测产品质量的常用工具。正确使用量具是保证产品加工精度，提高产品质量最有效的手段。

（1）钢直尺

钢直尺是简单量具，如图 3-2 所示，其测量精度一般在 -0.2 ～ 0.2 mm 之间，在测量工件的外径和孔径时，必须与卡钳配合使用。

图 3-2 钢直尺

（2）卡钳

根据卡钳的不同用途，可分为外卡钳和内卡钳两种。从结构上可分为普通式内、外卡钳和弹簧式内、外卡钳，如图 3-3 所示。常用的卡钳有 6″、8″、10″ 等规格。

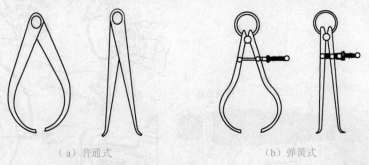

（a）普通式

（b）弹簧式

图 3-3 普通式内外卡钳

（3）游标卡尺

游标卡尺如图 3-4（a）所示，它的测量范围很广，可以测量工件外径、孔径、长度、深度以及沟槽宽度等。测量工件的姿势和方法如图 3-4（b）所示。

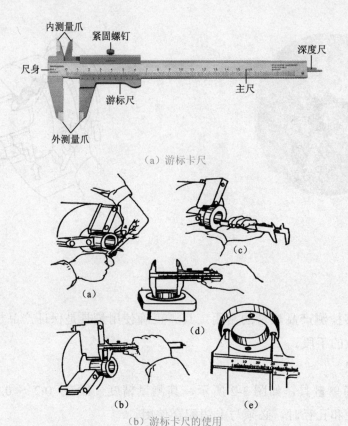

(a) 游标卡尺

(b) 游标卡尺的使用

图3-4 游标卡尺及其使用

（4）外径千分尺

如图3-5（a）所示的外径千分尺是车削加工时最常用的一种精密测量仪器，其测量精度可以达到0.01mm。测量工件的姿势和方法如图3-5（b）所示。

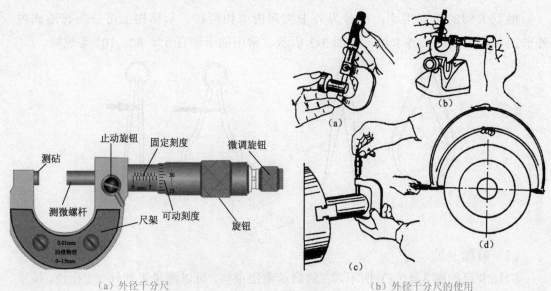

(a) 外径千分尺

(b) 外径千分尺的使用

图3-5 外径千分尺及其使用

3. 车端面

（1）选用和装夹端面车刀

常用端面车刀有 90°车刀和 45°车刀，如图 3-6 所示。

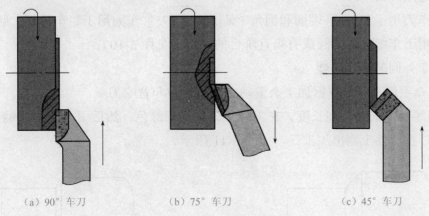

（a）90°车刀 　　　　　（b）75°车刀 　　　　　（c）45°车刀

图 3-6 端面车刀车端面

车刀的刀尖严格对准工件中心，否则端面中心处会留有凸台，并且损坏刀尖，如图 3-7 所示。

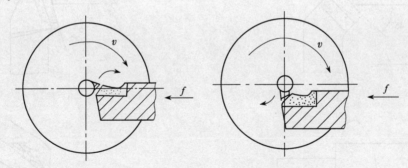

图 3-7 车刀刀尖不对准工件中心使刀尖崩碎

（2）选用端面车刀

① 用 90°车刀车端面：车刀安装时，应使主偏角大于 90°，以保证车出的端面与工件轴线相垂直。这种车刀刀尖强度较差，常用于精车端面。

② 用 45°车刀车端面：刀尖角为 90°，刀尖强度较高，车刀不容易损坏，适用于车削较大的平面，并能车削外圆和倒角。

（3）车端面的操作步骤

① 移动床鞍和中滑板，使车刀靠近工件端面。若工件的端面很大或背吃刀量较大，需使床鞍位置固定，将床鞍螺钉拧紧。

② 测量毛坯长度，确定端面应车去的余量。在车端面前需先倒角，可防止刀尖损坏。

③ 双手摇动中滑板手柄车端面，手动进给速度要保持均匀。当车刀刀尖车到端面中心时，车刀立即退回。

④ 运用钢直尺或刀口直尺检查端面直线度。

4．车外圆

（1）选用外圆车刀

45°车刀用于车外圆、端面和倒角（见图3-8）；75°车刀用于粗车外圆（见图3-9）；90°车刀用于车细长轴外圆或有垂直阶台的外圆（见图3-10）。

（2）车外圆的操作步骤

① 检查毛坯直径，根据加工余量确定进给次数和背吃刀量。

② 划线痕，确定车削长度。在工件上先用粉笔涂色，然后用内卡钳在钢直尺上量取尺寸后，在工件上划出加工线，如图3-11所示。

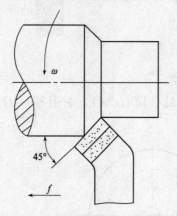

图3-8 45°车刀用于车外圆、端面和倒角

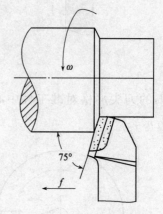

图3-9 75°车刀用于粗车外圆

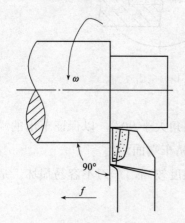

图3-10 90°车刀用于车细长轴外圆或有垂直阶台的外圆

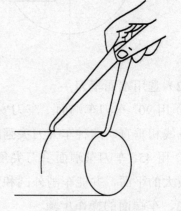

图3-11 划线痕

③ 车外圆要准确地控制背吃刀量，这样才能保证外圆的尺寸公差。通常采用试切削方法来控制背吃刀量。

④ 手动进给车外圆的操作方法：操作者应站在床鞍手轮的右侧，双手交替摇动手轮。手动进给速度要求均匀。

⑤ 倒角：当工件精车完毕，外圆与端面交界处的锐边要用倒角的方法去除。

5. 车台阶工件

（1）车刀的选择

车台阶工件，通常使用 90° 外圆偏刀。为保证加工出的工件平面和台阶平面与轴心线垂直，安装时主偏角应略大于 90°（一般不大于 93°）。

（2）车台阶工件的方法

车台阶工件一般分粗车和精车。

① 粗车：台阶长度尺寸应根据尺寸基准留精车余量。

② 精车：在机动进给精车外圆至近台阶处时，以手动进给代替机动进给。

（3）控制台阶长度尺寸的常用方法

① 刻线法：以已加工面为基准，用钢直尺或样板量出台阶的长度尺寸，用车刀刀尖在台阶所在位置处车出线痕，如图 3-12（a）所示。

② 床鞍纵向进给刻度盘控制法：移动床鞍和中滑板，使刀尖靠近工件端面，开动车床，移动小滑板，使刀尖与工件端面相擦，车刀横向快速退出，将床鞍刻度调到零位，如图 3-12（b）所示。

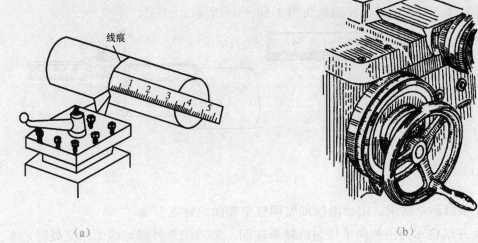
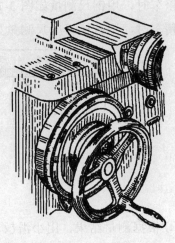

（a） （b）

图 3-12 控制台阶长度尺寸

（4）机动进给粗车台阶外圆（见图 3-13）

① 开动机床并按粗车要求调整进给量。

② 调整背吃刀量进行试切削。

③ 移动床鞍：刀尖靠近工件时合上机动进给手柄，当车刀刀尖距离退刀位置 1～2mm 时停止机动进给，改为手动进给车至所需长度时将车刀横向退出，床鞍回到起始位置，继而再做第二次工作行程。

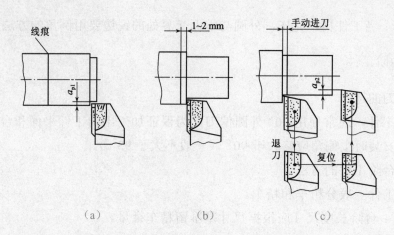

图 3-13　粗车台阶外圆

（5）精车台阶外圆和端面

① 按精度要求调整切削速度和进给量。

② 试切外圆：精车台阶外圆至离台阶端面 1 ～ 2mm 时，停止机动进给，改用手动进给继续车外圆。当刀尖切入台阶面时车刀横向慢慢退出，将台阶面车平。

③ 检测台阶长度。

粗车时，用钢尺测量如图 3-14（a）所示。

精车时，用游标深度尺测量如图 3-14（b）所示。

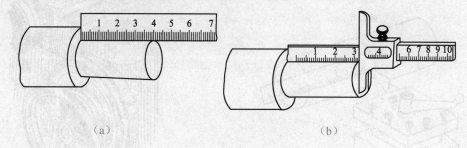

图 3-14　检测台阶长度

④ 根据测量结果，用小滑板刻度调整车端面的背吃刀量。

⑤ 开车将车刀由外向里均匀地精车端面，当刀尖至外圆与端面相交处时，车刀先横向推出 0.5 ～ 1mm，然后移动床鞍纵向退出。

⑥ 在外圆上倒去锐角。

6. 车台阶注意事项

① 台阶平面和外圆相交处要清角，防止产生凹坑和出现小台阶。

② 车刀没有从里向外横向切削或车刀装夹主偏角小于 90°，以及刀架、车刀、滑板等发生移位会造成台阶平面出现凹凸。

③ 台阶工件的长度测量，应从一个基准面量起，以防止累积误差。

④ 刀尖圆弧较大或刀尖磨损会使平面与外圆相交处出现较大圆弧。

⑤ 主轴没有停妥，不能使用量具进行测量。

⑥ 使用游标深度尺进行测量时，卡脚应和测量面贴平，以防止卡脚歪斜造成测量误差；松紧程度要适当，以防止过紧或过松造成测量误差；取下时，应把紧固螺钉拧紧，以防止游标尺移动影响读数的正确。

练一练

1. 如何使用外圆车刀？

2. 简述如何使用测量工具？

3. 车削阶台轴零件图，如图3-15所示。

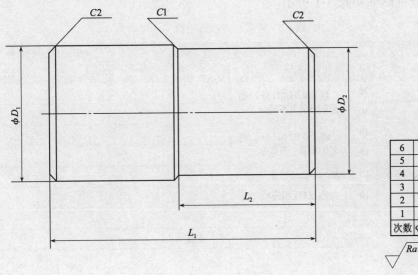

6	38	36	88	50
5	40	38	90	50
4	42	40	92	50
3	44	42	94	50
2	46	44	96	50
1	48	46	98	50
次数	ϕD_1	ϕD_2	L_1	L_2

$\sqrt{Ra6.3}$ $(\sqrt{})$

图 3-15 车削阶台轴零件图

（1）操作要求

① 能合理组织工作位置，掌握正确的操作姿势。

② 用手动进给均匀移动大滑板、中滑板、小滑板，按图样要求车削工件。

③ 掌握正确使用量具的方法。

④ 掌握试刀、试切削的方法，控制外圆尺寸。

⑤ 遵守操作规程，养成文明生产、安全生产的良好习惯。

（2）工艺分析

阶台轴一般应按粗车—车槽—精车的方案加工。粗车时对工件的精度要求不高，选择刀具和切削用量时着重考虑提高生产率方面的因素。粗车时用一顶一夹装夹工件，粗车结束后，直径尺寸应留 0.8～1mm 的精车余量，阶台长度保证总长要求。精车时应以较高的切削速度，较小的进给量，以保证工件的表面质量。精车时选择在两顶尖间装夹来保证工件的形位精度要求。

（3）参考步骤

① 粗车、半精车 ϕD_1 端面、外圆，留工序余量。

② 调头装夹粗车、半精车 ϕD_2 端面、外圆，留工序余量。精车 ϕD_2 端面、外圆、倒角至尺寸要求。

③ 调头装夹，精车 ϕD_1 端面、外圆、倒角至尺寸要求。

④ 检查。

任务评价

本任务的评价标准如表3-1所示。

表3-1 任务一考核评价表

序号	考核内容和要求	配分	评价标准	评价结果/分			综合得分
				自检	组检	教师检	
1	ϕD_1	30	超差0.01扣1分；超差0.03以上不得分				
2	ϕD_2	30					
3	L_1	10	超差0.02扣1分；超差0.06以上不得分				
4	L_2	10					
5	表面粗糙度$Ra6.3\mu m$	10	$Ra>6.3\mu m$扣2分				
6	文明生产	10	每违反1项扣5分				
7	综合评语						
8	姓名		日期				

在车床上加工孔（1）

在套类零件中，随处可见到一系列的孔，这些孔都起到了很重要的作用，如连接、固定等，有的孔大，有的孔小，有的孔深，有的孔浅。那么如何来加工孔呢？

如果你有兴趣，从现在起我们分两个专题来学习，先从在车床上钻孔开始。

学一学

一、认识麻花钻

1. 麻花钻的组成和几何形状（见表3-2）

表3-2 麻花钻的组成和几何形状

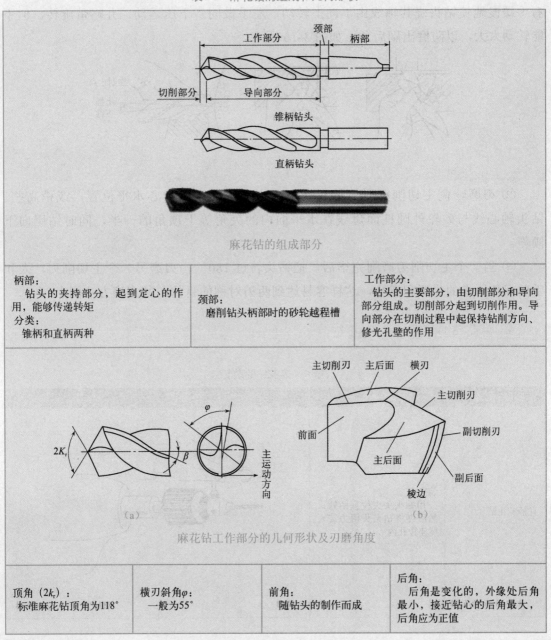

麻花钻的组成部分

柄部： 　钻头的夹持部分，起到定心的作用，能够传递转矩 分类： 　锥柄和直柄两种	颈部： 　磨削钻头柄部时的砂轮越程槽	工作部分： 　钻头的主要部分，由切削部分和导向部分组成。切削部分起到切削作用。导向部分在切削过程中起保持钻削方向、修光孔壁的作用

麻花钻工作部分的几何形状及刃磨角度

顶角（$2k_r$）： 标准麻花钻顶角为118°	横刃斜角φ： 一般为55°	前角： 随钻头的制作而成	后角： 后角是变化的，外缘处后角最小，接近钻心的后角最大，后角应为正值

2. 麻花钻的刃磨要求

麻花钻的两个主切削刃和钻头轴心线之间的夹角应对称，刃长要相等，否则钻削时会出现单刃切削，使孔径尺寸变大，以及钻穴时产生台阶等弊端。

3. 麻花钻的刃磨方法

① 钻头刃磨时用右手握住钻头前端作支点，左手握钻尾，以钻头前端支点为圆心，右手缓慢地使钻头绕其轴线由下向上转动，左手做同步下压运动，并略带旋转，但不能转动太大，以防磨出副后角，如图 3-16 所示。

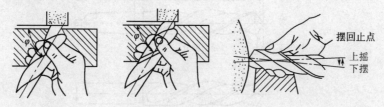

图 3-16 麻花钻的刃磨方法

② 刃磨一侧主切削刃时，钻头切削刃应放置在砂轮中心水平位置，或稍高些。钻头轴心线与砂轮外圆柱面母线在水平面内的夹角等于顶角的一半，同时钻尾向下倾斜。

③ 当一个主切削刃磨削完毕后，把钻头转过 180°，刃磨另一个主切削刃，人和手要保持原来的位置和姿势，这样容易达到两刃对称的目的，其刃磨方法同上。

4. 麻花钻的装卸（见表3-3）

表3-3 麻花钻的装卸

麻花钻的分类	拆卸状态	图 例
直柄麻花钻	装夹： 用钻夹头夹住直柄处，然后再将钻夹头用力装入尾座锥孔内	

续表

麻花钻的分类	拆卸状态	图 例
锥柄麻花钻	如果锥柄和尾座套筒内锥孔的规格相同，可直接插入 如果规格不同，可增加一个合适的莫氏过渡锥套插入尾座锥孔内	(a) (b)

二、钻孔

1. 钻孔时的相关参数

（1）背吃刀量

钻孔时的背吃刀量为麻花钻的半径（见图3-17）。

$$a_p = \frac{d}{2}$$

式中：a_p——背吃刀量，mm；

d——麻花钻的直径，mm。

（2）进给量 f

在车床上钻孔时用手动转动车尾座手轮来实现进给时，进给量根据钻头的直径而定，钻头直径越小，进给量也应越小，否则钻头会折断。一般选用 $f=0.01\sim0.02$mm/s。

（3）切削速度 v_c

钻孔时的切削速度可按下式计算：

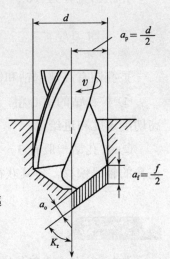

图3-17 切削用量选择

$$v_c = \frac{\pi d n}{1000}$$

式中：v_c——切削速度，m/min；

d——麻花钻的直径，mm；

n——车床主轴转速，r/min。

2. 钻孔的方法

① 钻孔前先将工件端面车平，中心处不许留有凸台，以利于钻头正确定心。

② 找正尾座，使钻头中心对准工件旋转中心，否则可能会使孔径钻大，钻偏，甚至折断钻头。

③ 起钻时进给量要小，待钻头头部进入工件后再正常钻削。

④ 用细长麻花钻钻孔时，为了防止钻头晃动，可在刀架上夹一挡铁，支持钻头头部帮助钻头定心。

⑤ 用小麻花钻钻孔时，一般先用中心钻钻出浅坑用以定心，再用钻头钻孔，钻孔时的转速选得高一些，并及时排屑。

⑥ 当钻头横刃钻出工件后，应减慢进给速度，以免因轴向阻力减小而卡死钻头。

⑦ 钻盲孔时的孔深尺寸的控制方法：先使钻头尖部接触工件端面，固定尾座，用钢直尺量出尾座套筒长度，所需钻进长度就应控制在所测长度加上孔深尺寸。

三、扩孔

1. 用麻花钻扩孔

先钻出直径为（0.5～0.7）D 的孔，然后再扩削到所需的孔径 D。

2. 用扩孔钻扩孔

扩孔钻有高速钢钻和镶硬质合金扩孔钻两种。

① 扩孔钻的钻心粗，刚度足够，且扩孔时背吃刀量小，切削少，排屑容易，可提高切削速度和进给量。

② 扩孔钻一般有 3～4 个刀齿，周边的棱边数增多，导向性比麻花钻好，可以校正孔的轴线偏移，使其获得正确的几何形状。

练一练

学生分小组，由组员轮流扮演讲解员对麻花钻进行介绍。

1. 麻花钻有哪些组成部分？各部分的作用是什么？

2. 钻孔时的切削用量如何来确定？

3. 完成图3-18所示的钻孔。

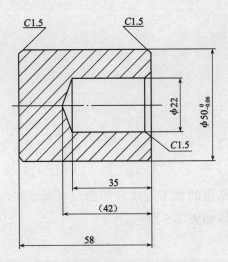

图 3-18 钻孔练习

检测评价标准如表 3-4 所示。

表3-4 能力拓展考核评价表 (mm)

序 号	考核内容	考核标准	配 分	得 分
1	麻花钻的刃磨方法	正确讲解、刃磨	10	
2	钻孔的方法	步骤正确操作得满分	20	
3	尺寸42、35、ϕ22		30	
4	麻花钻的刃磨方法	正确讲解得满分	30	
5	文明见习与纪律	态度端正，服从管理	10	
6		合计		

任务二　车削沟槽与切断

任务目标

- 了解切断刀和切槽刀的结构特点。
- 掌握切断刀和切槽刀的刃磨方法。
- 掌握车削沟槽和切断的一般方法。

任务分析

　　首先了解切断刀的结构及主要几何角度，根据要求进行修磨，正确安装刀具，然后按图样加工沟槽和切断。

学一学

1. 切断刀的种类及应用

切断就是将坯料切成几段的加工方法。切断刀有高速钢切断刀、硬质合金切断刀、弹性切断刀和反切刀，具体如表3-5所示。

表3-5 常见切断刀

切断刀种类	基 本 常 识	图 例
高速钢切断刀	刀头与刀柄是同一种材料锻造而成，每当切断刀损坏后，可以经过锻打再使用。比较经济，使用较为广泛	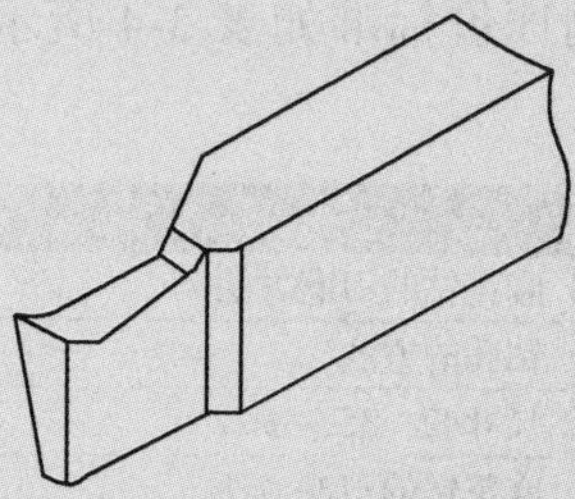
硬质合金切断刀	刀头用硬质合金焊接而成，适用于切割直径较大的工件或进行高速切削	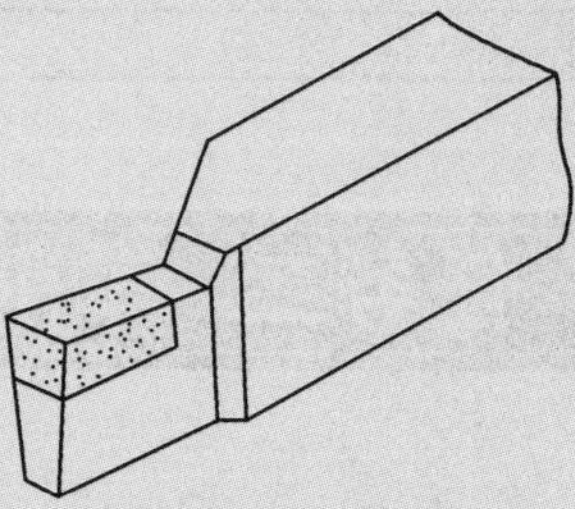
弹性切断刀	将切断刀做成刀片后装夹在弹性刀柄上，既节省材料，又富有弹性。当进刀过多时，刀头在弹性刀柄的作用下会自动产生让刀，这样就不容易产生扎刀而折断刀头	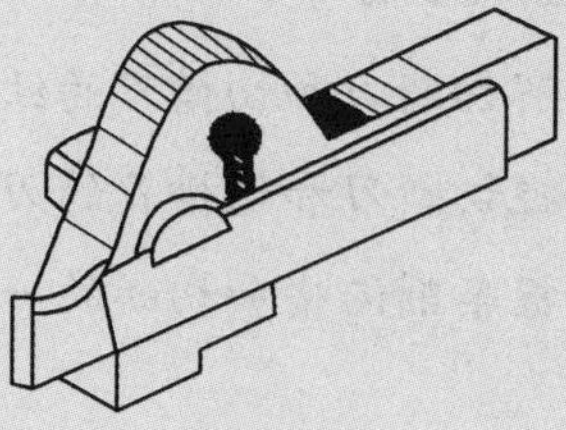
反切刀	切削较大工件时由于刀头长，刚性较差，容易引起振动，这时可以采用反向切断法	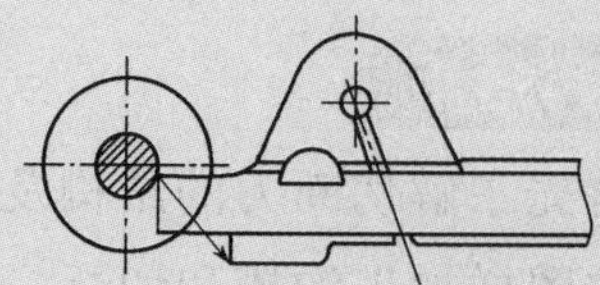

车槽用车槽刀进行加工。车外槽的刀具与切断刀几何形状基本相同，所以一般可采用切断刀代替车槽刀。

2．切断刀和车槽刀的刃磨方法

（1）外切槽刀

刃磨内容与方法如表 3-6 所示。

表3-6　刃磨内容与方法

刃磨区域	基本内容	图例
刃磨左侧副后面	两手握刀，车刀前面向上，同时磨出左侧副后角和副偏角	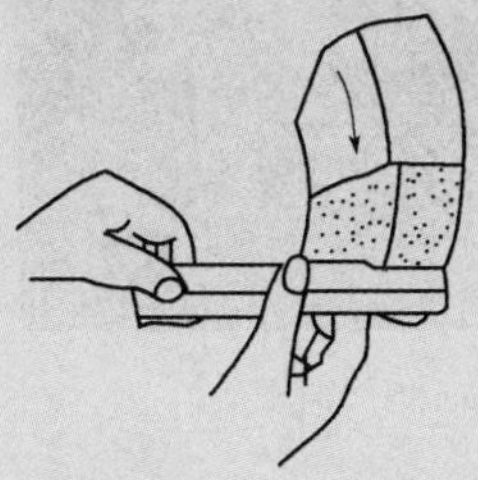
刃磨右侧副后面	两手握刀，车刀前面向上，同时磨出右侧副后角和副偏角（磨此面时控制刀头宽度）	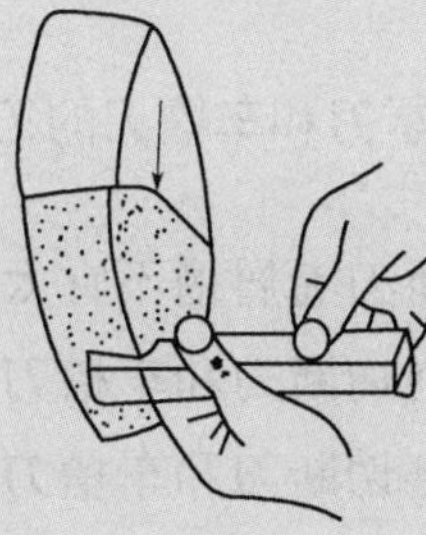
刃磨主后面	同时磨出主后角	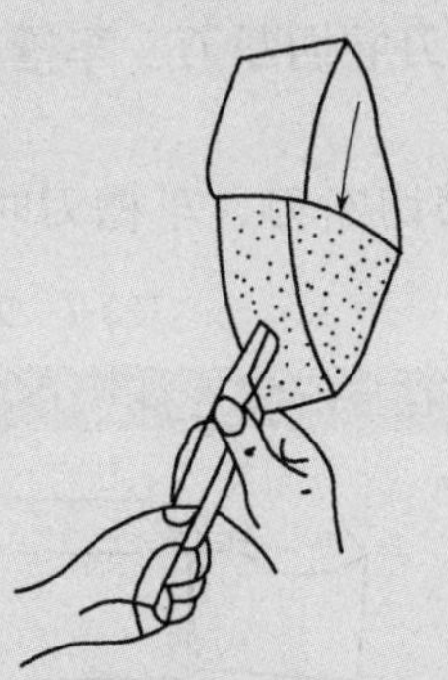
刃磨前面和前角	车刀前面对着砂轮磨削表面	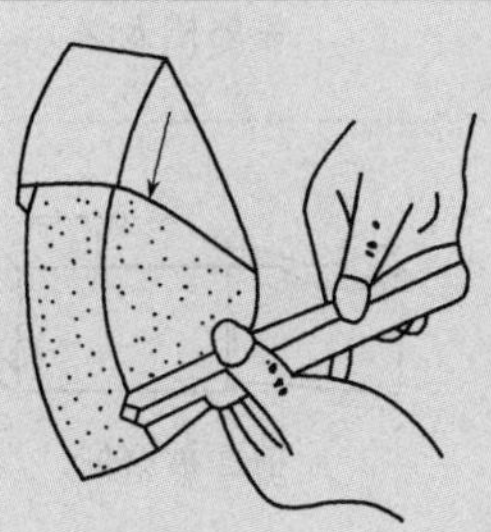

刃磨高速钢切断刀的过程中要用水冷却，以防刀刃退火。

（2）内切槽刀

内切槽刀也称内沟槽刀，如图3-19（a）所示，它跟切槽刀的几何形状基本上一样，只是装夹方向不同而已。由于内切槽刀是在孔内加工，所以在保证刀头伸出长度大于槽深的同时，还需要保证刀杆直径与刀头在刀杆上的伸出长度之和应小于内孔直径，如图3-19（b）所示，即 $d + a < D$。其中，d 为刀杆直径，a 为刀头在刀杆上的伸出长度，D 为内孔直径。

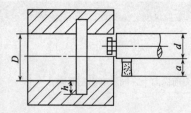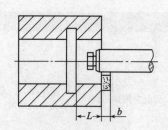

（a）内切槽刀　　　　　　　　　　　　　　　　（b）内切槽刀切槽

图3-19

3. 切断刀和车槽刀的刃磨要求

① 切断刀卷屑槽不宜太深，一般为 0.75 ～ 1.5mm。

② 刃磨切断刀和车槽刀的两侧副后角时，以车刀的底面为基准。

③ 刃磨切断刀和车槽刀时，两侧副偏角不能太大。

4. 刃磨切断刀、车槽刀时容易出现的问题

刃磨切断刀、车槽刀时容易出现的问题及正确要求见表3-7。

表3-7　刃磨切断刀、车槽刀时容易出现的问题及正确要求

名　称		后　　果	正　确　要　求
前面	卷屑槽太深	刀头强度低，容易造成刀头折断	0.75~1.5 卷屑槽刃磨正确
	前面被磨低	切削不顺畅，排屑困难，切削负荷大，刀头易折断	

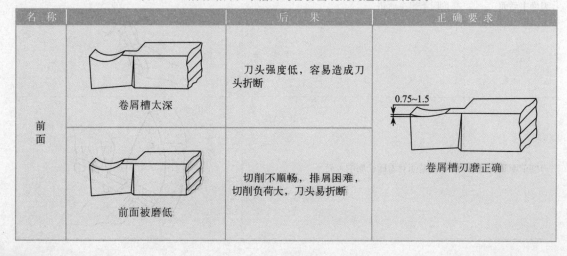

续表

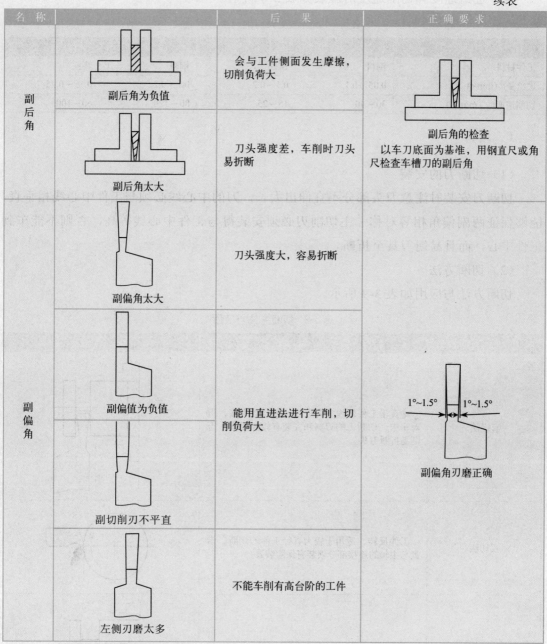

名　称	后　　果	正　确　要　求
副后角	副后角为负值 会与工件侧面发生摩擦，切削负荷大	副后角的检查 以车刀底面为基准，用钢直尺或角尺检查车槽刀的副后角
	副后角太大 刀头强度差，车削时刀头易折断	
副偏角	副偏角太大 刀头强度大，容易折断	副偏角刃磨正确
	副偏值为负值 能用直进法进行车削，切削负荷大	
	副切削刃不平直	
	左侧刃磨太多 不能车削有高台阶的工件	

5. 切削用量的选择

车槽刀的刀头强度较低，选择切削用量时适当减小其数值。硬质合金车槽刀比高速钢车槽刀选用的切削用量要大，车削钢料的切削速度要比铸铁材料要高，但进给量要小。

（1）背吃刀量 a_p

切断、车槽为横向进给车削，背吃刀量是垂直于已加工表面方向所量得的切削层宽度的数值，即切断时的背吃刀量等于切断刀主切削刃宽度。

（2）进给速度和切削速度对应表如表3-8所示。

表3-8　进给速度和切削速度对应表

刀具材料	高速钢车槽刀		硬质合金车槽刀	
工件材料	钢料	铸铁	钢料	铸铁
进给量f (mm/r)	0.05～0.1	0.1～0.2	0.1～0.2	0.15～0.25
切削速度v_c (m/min)	30～40	15～25	80～120	60～100

6．切断

（1）切断刀的安装

切断刀安装时注意刀头部分不宜伸出太长，刀的中心线必须与工件中心线相垂直，能够保证两副偏角相等对称；主切削刃必须安装得与工件中心线等高，否则不能车到工件中心，而且易崩刀甚至折断。

（2）切断方法

切断方法与应用如表3-9所示。

表3-9　切断方法与应用

切断方法	基本知识	图例
直进法	垂直于工件轴线方向进给切断，效率高，但对车床、切断刀的刃磨和安装有较高要求，否则易折断刀头	
反切法	工件反转，适用于较大直径工件的切断。卡盘与主轴的连接部分须装有保险装置	
左右借刀法	切断刀在轴线方向反复往返移动，两侧径向进给，直至工件切断。适用于刚性不足的情况	

（3）减少切断时产生振动的方法

① 调整好主轴及床鞍、滑板的间隙，增加机床刚性。

② 切断位置应尽量在装夹点附近；切断刀刀柄不要伸出过长。

③ 选用适宜的主切削刃宽度。主切削刃宽度狭窄，使切削部分强度减弱；主切削刃过宽，切削阻力大容易引起振动。

④ 大直径工件宜采用反切法切断，可防止振动，排屑也方便。

7．车外圆沟槽

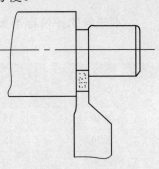

一般车外圆沟槽的切槽刀的角度和形状基本与切断刀相同。在车窄的外圆沟槽时，切槽刀的主切削刃宽度应与槽宽相等，刀头长度应尽可能短些。

车外圆沟槽可用切槽刀直接切出，如图 3-20 所示。

图 3-20　车外圆沟槽

8．切断注意事项

① 切断毛坯表面工件时，最好先用外圆车刀把工件先车圆，或开始时（切毛坯部分）尽量减小进给量，以免造成"扎刀"现象。

② 手动进给切断时，摇动手柄应连续、均匀。若不得不中途停车时，应先把车刀退出再停车。

③ 用卡盘装夹工件切断时，切断位置应尽可能靠近卡盘。

④ 切断由一夹一顶装夹的工件时，工件不应完全切断，应卸下工件后再敲断。

练一练

1．能够根据工件的材料，正确、合理选用切削刀。

2．每个人能够正确地安装切削刀。

3．能够车削各种要求的沟槽，如图3-21所示。

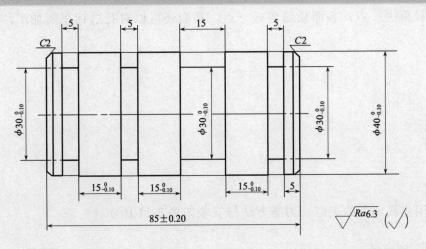

图 3-21　构槽

 任务评价

本任务的评价标准如表 3-10 所示。

表3-10 任务二考核评价表 (mm)

序号	评价内容和要求	配分	评价标准	评价结果/分			综合得分
				自检	组检	教师检	
1	ϕ 40	15	超差0.01扣1分；超差0.03以上不得分				
2	ϕ 30	15					
3	85	10	超差0.02扣1分；超差0.06以上不得分				
4	15（3处）	15					
5	5（1处）	10					
6	槽宽5（3处）	15					
7	槽宽15（1处）	10					
8	安全文明生产	10	遵守有关规定，符合安全要求				
9	综合评语						
10	姓名			日期			

知识拓展

在车床上加工孔（2）

前面掌握了如何在车床上用麻花钻钻孔的方法，我们发现钻出的孔表面较粗糙，要想孔径再大一点，表面质量更好一点，我们还可以对孔进行车削加工，让我们接着学吧。

 学一学

1. 内孔车刀

常用内孔车刀的类型、刃磨方法与安装如表 3-11 所示。

表3-11 常用内孔车刀的类型、刃磨方法与安装

内孔车刀	通 孔 车 刀	盲 孔 车 刀
基本知识	用于车削通孔，切削部分的几何形状基本上与外圆车刀相似。主偏角一般取60°~75°，副偏角一般取15°~30°。为防止车孔刀后面与孔壁的摩擦和不使车孔刀的后角磨得太大，一般磨成两个后角	用来车盲孔或台阶孔，切削部分的几何形状基本上与偏刀相似，它的主偏角大于90°，一般取92°~95°，刀尖在刀杆的最前端，刀尖跟刀杆外端的距离a应小于内孔半径R，否则孔的底面就无法车平。车内孔阶台时，只要尽可能不碰即可
图例		
刃磨方法	与刃磨外圆车刀方法基本相似	
车刀的安装	车刀刀尖应与工件中心等高或略高，且刀柄与孔轴线平行。装夹时应在孔内前后试移动一次，检查有无碰撞处。刀柄的伸出尽可能短些，以防产生振动	车台阶孔时，盲孔车刀的装夹除了刀尖对（准工件）中心和刀柄尽可能伸出短些外，内偏角的主切削刃应和平面成30°左右的夹角，并且在车削内平面时，要求车刀横向有足够的退刀空隙，以防刀柄碰伤孔壁

2. 车削内孔的方法

（1）车通孔

① 车通孔的方法。

车孔前若已有毛坯孔则可直接用车刀车内孔，若毛坯上无孔，应按所要求的孔径尺寸减小 1.5 ~ 2mm，将内孔钻通。

直孔车削基本上与车外圆相同，只是进刀和退刀方向相反。每次粗车和精车内孔时都要进行试切削和测量，其试切削方法与外圆试切削方法相同。精车时试车次数不要太多，以防工件产生冷硬层。

② 孔径的测量。

精度要求较低的情况下可用游标卡尺进行测量，精度要求高就采用塞规、内径百分表测量等方法，常用测量量具与使用方法如表 3-12 所示。

表3-12　测量孔径的量具及使用方法

量　具	使　用　方　法	示　意　图
内卡钳	内卡钳在外径千分尺上取尺寸时的松紧感觉是：当外径千分尺为孔径$D+0.010$mm时，内卡钳的两脚碰不到外径千分尺的测量面，当外径千分尺调整至孔径$D+(0\sim0.01)$ mm时，内卡钳的两脚在外径千分尺两侧面之间感到过紧；这说明内卡钳的张开尺寸恰好为孔径D。内卡钳取好尺寸在测量内孔时的摆动方法如右图所示	
塞规	塞规如右图所示，由过端1、止端2和柄3组成。过端按孔的最小极限尺寸制成，测量时应塞入孔内。止端按孔的最大极限尺寸制成，测量时不允许插入孔内。当过端塞入孔内，而止端插不进去时，就说明此孔尺寸是在最小极限尺寸与最大极限尺寸之间，是合格的	
内径百分表	内径百分表是用对比法测量孔径的，因此使用时应先根据被测工件的内孔直径，用外径千分尺将内径表对准"零"位后，方可进行测量，其测量方法如右图所示，应取最小值为孔径的实际尺寸	

（2）车台阶孔

车台阶孔的方法如下：

① 粗车小孔：留精车余量 0.3 ～ 0.5mm，车小孔的方法与车通孔方法相同。

② 粗车大孔：留精车余量 0.3 ～ 0.5mm，孔深可车至尺寸。

③ 精车台阶孔：

a. 精车小孔至尺寸，试切尺寸用内卡钳和塞规检查，符合要求后，纵向机动进给精车内孔。内孔尺寸用塞规检查，表面粗糙度用目测检查。

b. 精车大孔，试切尺寸正确后纵向机动进给车内孔。当床鞍刻度值接近孔深时机动进给停止，手动继续进给至刀尖与内台阶面微量接触后稍向后退，停机，将车刀退出。

c. 孔口用内孔车刀倒去锐边。

深度的测量如下：

测量时将深度游标卡尺基座端面与工件端面靠平，尺身沿着孔壁移动，当尺身端面与内孔台阶面轻微接触就读出深度的读数值。深度游标卡尺读数与一般游标卡尺完全相同。测量后如未达到所要求的数值，然后用小滑板控制车台阶孔内端面的背吃刀量。

（3）车盲孔的方法

车盲孔的方法如下：

① 钻底孔时，用比盲孔孔径小 2mm 的钻头先钻出底孔，孔深应从钻尖算起。然后用相同直径的平头钻将孔底扩成平底。孔底平面留 0.5 ～ 1mm 的余量。

② 车底平面和粗车孔径（留精车余量），尺寸控制与车削台阶孔的方法相同。

③ 精车内孔及底面至图样尺寸的要求。

练一练

1. 简述内孔车刀的种类及各自的特点。

2. 内孔车刀的安装及各自的使用方法。

准备实训零件图如图 3-22 所示，学生分组操作。

参考步骤：

① 装夹找正，粗、精车端面，精车外圆，钻中心孔，钻孔 ϕ12mm，扩孔 ϕ23.5mm，精车外圆至尺寸 ϕ50mm，车孔 ϕ23.5 至尺寸 ϕ25mm，倒角。

② 调头装夹，车端面至总长尺寸，倒角。

③ 检测。

④ 重新装夹找正，粗、精车 ϕ30mm 至尺寸。

⑤ 孔口倒角。

⑥ 检测。

参考评价标准如表 3-13 所示。

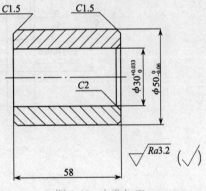

图 3-22 内孔加工

表3-13 能力拓展考核评价表

序号	考核内容	配分	评分标准	得分
1	尺寸 ϕ50	30	超差0.01扣1分；超差0.03以上不得分	
	尺寸 ϕ30	30		
	尺寸58	10	超差0.02扣1分；超差0.06以上不得分	
2	粗糙度其余 Ra3.2	8	每处降一级扣2分	
	粗糙度孔内 Ra6.3	2	降一级不得分	
3	倒角C2	4	不符合要求不得分	
	倒角C1.5	6	不符合要求不得分	
4	合　计			

任务三　练习车削台阶轴

任务目标

- 了解轴类零件结构特点相关技术要求。
- 学会简单轴类零件的工艺分析。
- 正确进行工件检测。

任务分析

　　学习轴类零件的结构特点，分析图 3-23 所示零件图的技术要求，编写加工工艺过程，正确进行加工与检测。

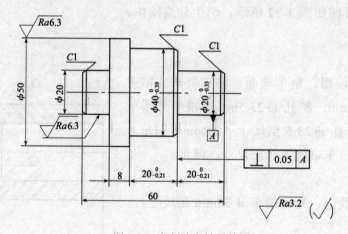

图 3-23　车削阶台轴零件图

任务过程

1. 操作要求

① 能合理选择刀具、量具和辅助工具。

② 用手动进给均匀移动大拖板、中拖板，按图样要求车削工件。

③ 掌握正确使用量具的方法，并正确读数。

④ 巩固试刀、试切削的方法，控制外圆尺寸。

⑤ 遵守操作规程，养成文明生产、安全生产的良好习惯。

2. 工艺分析

该零件按粗车—半精车—精车的方案进行加工。粗车时对工件的精度要求不高，选择刀具和切削用量时着重考虑提高生产率方面的因素。粗车时用一顶一夹装夹工件，粗车、半精车结束后，直径尺寸应留 0.8 ～ 1mm 的精车余量，阶台长度保证总长要求。精车时应以较高的切削速度，较小的进给量，以保证工件的表面质量。精车时选择在两顶尖间装夹来保证工件的形位精度要求。

3. 参考步骤

① 粗、半精车 ϕ50mm、ϕ40mm、ϕ20mm 外圆、端面，留工序余量。
② 精车 ϕ50mm、ϕ20mm 外圆、端面、倒角至尺寸要求。
③ 调头装夹，半精车 ϕ20mm、端面、外圆，留工序余量。
④ 精车 ϕ20mm 外圆、端面、倒角至尺寸要求。
⑤ 检查。

练一练

1. 认真刃磨加工刀具。
2. 车阶台轴时的切削用量应如何选择？
3. 车阶台轴时常采用哪些量具测量？如何正确使用？
4. 如何车削阶台轴？车削时应注意哪些问题？

任务评价

本任务的考核标准如表 3-14 所示。

表3-14 车削阶台轴评分表　　　　　　　　　　　　　　　　(mm)

序号	评价内容	配分	评价标准	评价结果/分			综合得分
				自评	组评	教师评	
1	ϕ50	15	超差0.01扣1分；超差0.03以上不得分				
2	ϕ40	15					
3	ϕ20两处	20					

(mm) 续表

序号	评价内容	配分	评分标准	评价结果/分			综合得分
				自评	组评	教师评	
4	60	8	超差0.02扣1分；超差0.06以上不得分				
5	20	8					
6	8	8					
7	倒角C1三处	6	不合格1处扣2分				
8	表面粗糙度Ra6.3μm	10	$Ra>6.3\mu m$扣2分				
9	文明生产	10					
10	综合评语						
11	姓名			日期			

世界第一台数控机床在什么情况下诞生

20世纪50年代末,美国诞生世界上第一台数控车床后,机床制造业进入了数控时代。

金属加工的主要目的是去除材料以得到想要的几何形状。高精度多轴机床,可以让复杂零件在精度和形状上一次符合标准。例如,飞机上的一个复杂零件,以前由很多工种（如车工、铣工、磨床工、划线工、热处理工）用好几个月才能完成,有时加工完成的零件还不符合要求,现在,最新的复合数控机床只需几天甚至几个小时就可完成,而且精度比普通加工更高。零件精度高就意味着寿命长,可靠性好。

普通加工发展到数控加工,不仅一个人能完成十个人的工作,而且在精度上,得到了很大提高;在适应性上,工人只需根据不同零件使用不同程序就行,同时可把人为因素引起的误差降为最低。以前在工厂,学会车涡轮、蜗杆需要十年左右的时间,现在用数控设备,只要会编程,把参数输进去就能完成,而且批量产品的质量也有保证。

虽然,美国诞生了世界上第一台数控机床,但是数控机床的发展却在德国。德国在机械方面是世界第一,电子系统工业也很强大,而且数控机床就是机电一体化,所以德国在 20 世纪六七十年代在数控机床界占据领先地位。

现代的生产有大批量生产,也有单件小批量生产,不管是哪种,只要设备是数控的,工厂就能很快地适应生产。

项目四 车削圆锥面

实际工作中，带有圆锥面的零件也很多，如车床的主轴孔，钻床的连接套等均采用锥度连接，其中应用较广的是莫氏锥度连接。

莫氏锥度是一个锥度的国际标准，用于静配合以精确定位。由于锥度很小，可以传递一定的扭矩，因为是圆锥面，又便于拆卸。同时，在工作时又不会影响到使用效果，如钻孔的锥柄钻，如果使用中需要拆卸钻头磨削，拆卸后重新装上不会影响钻头的中心位置。前面学习了圆柱面的加工，现在将进一步学习圆锥面的车削方法。

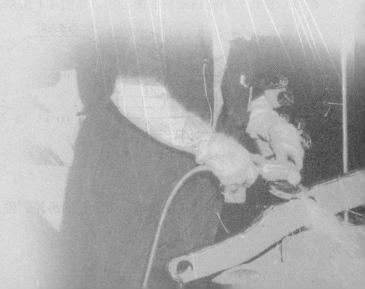

任务一　认识圆锥体

任务目标

- 了解圆锥面的应用及基本参数。
- 掌握圆锥基本参数的计算。
- 学习常用的标准工具圆锥。

任务分析

　　认真观察圆锥零件及工具圆锥，了解圆锥的特点、应用，学习圆锥的相关参数，进行基本参数的相关计算。

任务过程

学一学

1. 圆锥面的应用及特点

　　在机床与工具中，通过圆锥面结合的应用很广泛。例如，车床主轴锥孔与顶尖的配合，锥孔与麻花钻锥柄的配合等，如图4-1所示。

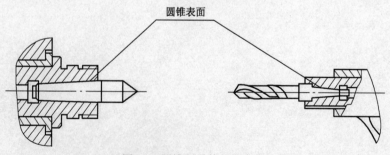

图 4-1　圆锥面零件配合实例

　　常见的圆锥零件有锥形轴、带锥孔的齿轮、锥形手柄等，如图4-2所示。

（a）锥形轴

（b）带锥孔的齿轮

（c）锥形手柄

图 4-2　常见带圆锥面的零件

圆锥面配合的主要特点是当圆锥面的锥角较小（在 3°以下）时，可以传递很大的转矩，圆锥面配合的同轴度较高，装拆方便。

2. 圆锥的基本参数

（1）圆锥表面的形成

与轴线成一定角度，且一端相交于轴线的一条直线段 AB，围绕着该轴线旋转形成的表面，称为圆锥表面（简称圆锥面），如图 4-3（a）所示，其斜线称为圆锥母线。如果将圆锥体的尖端截去，则成为一个锥台，如图 4-3（b）所示，具体实例如图 4-3（c）所示。

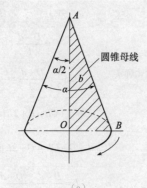
圆锥母线

（a）

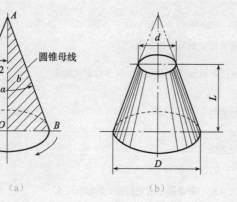
（b）

（c）

图 4-3　圆锥形成

圆锥可分为外圆锥和内圆锥两种。通常把外圆锥称为圆锥体，内圆锥称为圆锥孔。

（2）圆锥体的基本参数

如图 4-4 所示为圆锥的各部分名称、代号。其中各参数意义如下：

D——最大圆锥直径（简称大端直径），单位：mm；

d——最小圆锥直径（简称小端直径），单位：mm；

α——圆锥角（°）；

$\alpha/2$——圆锥半角（°）；

L——最大圆锥直径与最小圆锥直径之间的轴向距离，单位：mm；

C——锥度，圆锥大、小端直径之差与长度之比；

L_0——工件全长，单位：mm。

以上参数中，圆锥半角（$\alpha/2$）或锥度（C）、最大圆锥直径（D）、最小圆锥直径（d）、工件圆锥部分长（L）称为圆锥的四个基本参数（量）。

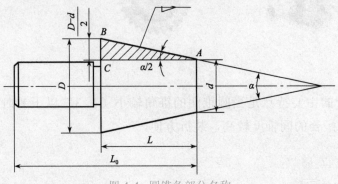

图 4-4　圆锥各部分名称

3．圆锥基本参数的计算

圆锥的基本参数及其计算公式如表 4-1 所示。

表4-1　圆锥的基本参数及其计算公式

基本参数	代　号	定　义	计算公式
锥度	C	圆锥大、小端直径之差与锥长之比	$C = \dfrac{D-d}{L}$
圆锥半角	$\alpha/2$	圆锥角 α 是通过圆锥轴线的截面内，两条投影轮廓素线间的夹角	$\tan\dfrac{\alpha}{2} = \dfrac{D-d}{2L} = \dfrac{C}{2}$
圆锥大端直径	D	圆锥最大端处直径	$D = d + CL = d + 2L\tan\dfrac{\alpha}{2}$
圆锥小端直径	d	圆锥最小端处直径	$d = D - CL = D - 2L\tan\dfrac{\alpha}{2}$
圆锥长度	L	圆锥最大端处直径与圆锥最小端处直径处的轴向距离	$L = \dfrac{D-d}{C} = \dfrac{D-d}{2\tan\dfrac{\alpha}{2}}$

4．标准工具圆锥

为了降低生产成本和使用方便，常用的工具、刀具圆锥都已标准化。也就是说，圆锥的各部分尺寸，按照规定的几个号码来制造，使用时只要号码相同，就能紧密配合和互换。标准圆锥已在国际上通用，即不论哪个国家生产的机床或工具，只要符合标准圆锥都能达到互换性。

常用的标准工具圆锥有下列两种：

（1）莫氏圆锥

莫氏圆锥是机器制造业中应用最广泛的一种，如车床主轴孔，顶尖，钻头柄，铰刀柄等都用莫氏圆锥。莫氏圆锥分成七个号码，即 0、1、2、3、4、5、6，最小的是 0 号，最大的是 6 号。莫氏圆锥是从英制换算过来的。当号数不同时，圆锥半角也不同，莫式圆锥实例如图 4-5 所示。

（2）米制圆锥

米制圆锥有 8 个号码，即 4、6、80、100、120、140、160 和 200 号。它的号码是指大端的直径，锥度固定不变，即 $C=1:20$。例如，100 号米制圆锥，它的大端直径是 100mm，锥度 $C=1:20$，其优点是锥度不变，记忆方便。

图 4-5　莫氏圆锥实例

练一练

在图4-6所示的磨床主轴的圆锥体中，已知$C=1：5$，$D=65mm$，$L=70mm$，求小端直径d和圆锥半角$\alpha/2$。

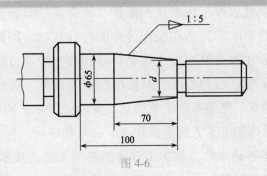

图 4-6

任务评价

本任务的评价标准如表 4-2 所示。

表4-2　任务一考核评价表

序号	评价内容	评价标准	配分	评价结果/分		综合得分
				组评	教师评	
1	圆锥的四个基本参数	正确回答（写出）名称、代号名称。每个10分	40			
2	常用的标准工具圆锥	正确回答两种标准工具圆锥及其特点	20			
3	公式应用	（1）$2.35°$ =___° ___′ （2）已知一圆锥体，$D=24mm$，$d=22mm$，$L=33mm$，计算$\alpha/2$=___ （3）已知一圆锥体，$d=64mm$，$L=80mm$，$C=1：20$，计算$\alpha/2$=___ （4）已知一圆锥体，$D=82mm$，$d=64mm$，计算$\alpha/2$=___	40			
4	综合评语					
5	姓名		日期			

 知识拓展

了解数控车床

普通机床经历了近两百年的历史。随着电子技术、计算机技术及自动化、精密机械与测量等技术的发展与综合应用，出现了机电一体化的新型机床——数控机床。数控机床一经使用就显示出了其独特的优越性和强大的生命力，使原来不能解决的许多问题，找到了科学解决的途径。数控机床是一种通过数字信息控制机床按给定的运动轨迹，进行自动加工的机电一体化的加工设备，经过半个多世纪的发展，数控机床已是现代制造业的重要标志之一。在我国制造业中，数控机床的应用越来越广泛，是一个企业综合实力的体现。

数控车床是数字程序控制车床的简称，如图 4-7 所示，它集通用性好的万能型车床、加工精度高的精密型车床和加工效率高的专用型车床的特点于一身，在国内使用量大，覆盖面广。要学好数控车床理论和操作，就必须勤学苦练，从平面几何、三角函数、机械制图、普通车床的工艺和操作等方面打好基础。因此，必须首先具有普通车工工艺学知识，然后才能从掌握人工控制转移到数字控制方面来，另一方面，若没有学好有关数学、电工学、公差与配合及机械制造等内容，要学好数控原理和程序编制等，也会感到十分困难。熟悉零件工艺要求，正确处理工艺问题。由于数控机床加工的特殊性，要求数控机床加工工人既是操作者，又是程序员，同时具备初级技术人员的某些素质，因此，操作者必须熟悉被加工零件的各项工艺（技术）要求，如加工路线、刀具及其几何参数、切削用量、尺寸及形位公差等。只有熟悉了各项工艺要求，并对出现的问题正确进行处理后，才能减少工作的盲目性，保证整个加工工作圆满完成。

图 4-7 数控车床

任务二 车削外圆锥面

任务目标

- 了解车削外圆锥面的一般方法。
- 掌握转动小滑板法车削外圆锥面。
- 掌握外圆锥的检测方法。

任务分析

利用前面的相关知识，根据图样正确计算相关参数，学习外圆锥面的常用加工方法，重点掌握转动小滑板法车削外圆锥面，最后完成图4-13、图4-14所示零件的加工，并总结锥度与角度的测量方法。

任务过程

学一学

1. 车削外圆锥面的一般方法介绍

在车床上加工外圆锥面的方法有多种，表4-3所示列出了常用方法及加工特点。

表4-3 车削外圆锥面的常用方法

车削方法	操作要领	特 点	示 意 图
转动小滑板法	将小滑板转动一个圆锥半角，使车刀移动的方向和圆锥素线的方向平行，即可车出外圆锥，如右图所示	用转动小滑板法车削圆锥面，操作简单，可加工任意锥度的内、外圆锥面，但加工长度受小滑板行程限制。另外需要手动进给，劳动强度大，工件表面质量不高	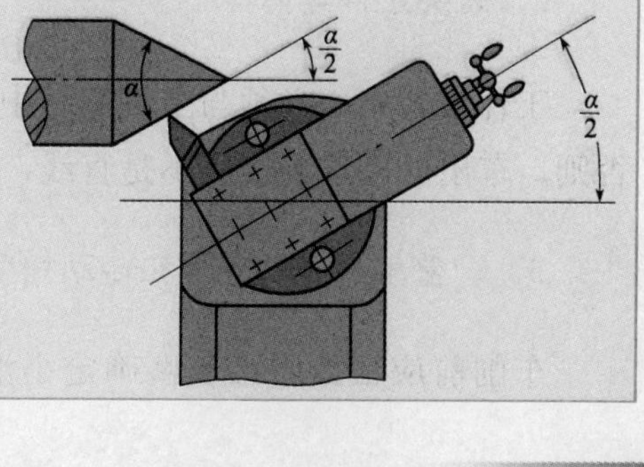

车削方法	操作要领	特 点	示 意 图
偏移尾座法	车削锥度较小而圆锥长度较长的工件时，应选用偏移尾座法。车削时将工件装夹在两顶尖之间，把尾座横向偏移一段距离 s，使工件旋转轴线与车刀纵向进给方向相交成一个圆锥半角，即可车出正确外圆锥，如右图所示	采用偏移尾座法车外圆锥时，尾座的偏移量不仅与圆锥长度有关，而且还和两顶尖之间的距离（工件长度）有关	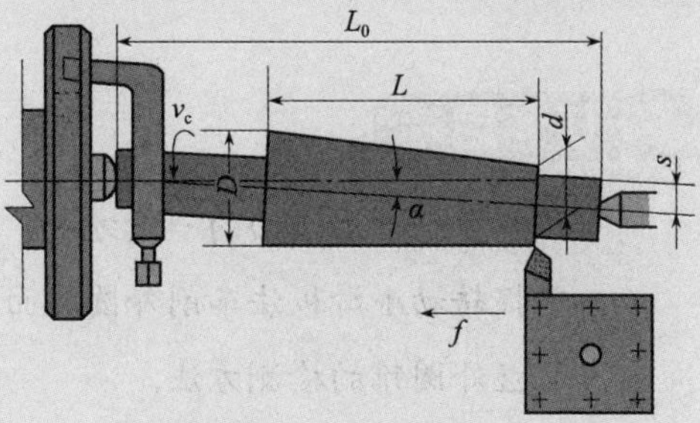
仿形法	仿形法（又称靠模法）是刀具按仿形装置（靠模），进给车削外圆锥的方法，如右图所示	用这种方法加工的圆锥的锥度取决于靠模板的倾斜角度，操作简单、方便	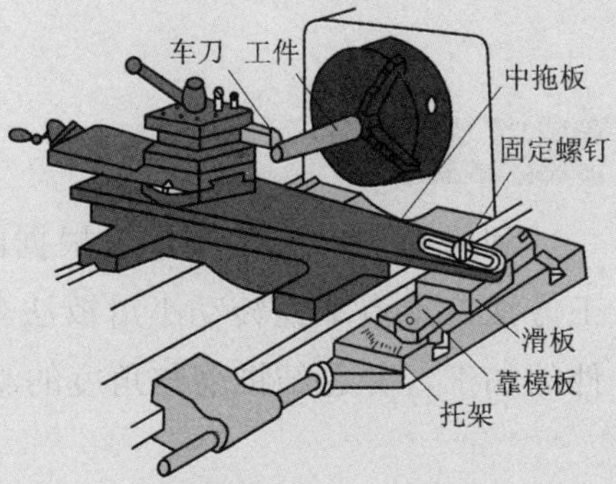
宽刃刀切削法	在车削较短的圆锥面时，也可以用宽刃刀直接车出。宽刃刀的切削刃必须平直，切削刃与主轴轴线的夹角应等于工件圆锥半角，如右图所示	使用宽刃刀车圆锥面时，车床必须具有足够的刚性，否则容易引起振动。当工件的圆锥素线长度大于切削刃长度时，也可以用多次接刀方法，但接刀处必须平整	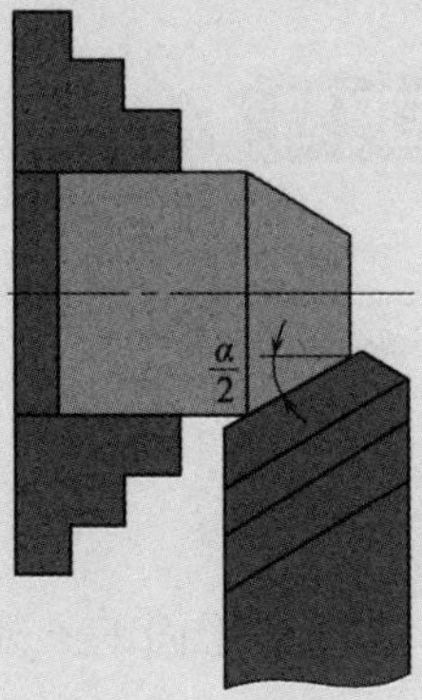

车一般圆锥时，可以用转动小滑板法，下面从装夹工件与刀具开始，一步一步学习操作要领。

2. 装夹工件与刀具

工件旋转中心必须与主轴旋转中心重合，车刀刀尖必须严格对准工件的旋转中心，否则，车出的圆锥素线将不是直线，而是双曲线。

3. 调整小滑板的行程和转动角度

车削前应根据圆锥长度确定小滑板的行程长度，使车削时小滑板有足够的行程，并根据工件图样标注的尺寸，利用前面的公式计算出圆锥半角 $\alpha/2$，圆锥半角 $\alpha/2$ 就是小滑板要转动的角度。

另外，还要调整好小滑板导轨与镶条间的间隙，不能太紧（太紧手动进给费力，移动不均匀），也不能太松（太松则会造成小滑板间隙太大），否则会使车出的圆锥表面粗糙度 Ra 值较大。

4. 转动小滑板的一般方法

用扳手将小滑板下面转盘螺母松开，把转盘转至需要的圆锥半角 $\alpha/2$，当刻度与基准零线对齐后将转盘螺母锁紧。圆锥半角 $\alpha/2$ 的值通常不是整数，其小数部分用目测估计，大致对准后再通过试车逐步找正。小滑板转动角度值一般大于圆锥半角 $\alpha/2$，但不能小于 $\alpha/2$，如图 4-8 所示，角度偏小会使圆锥素线车长而难以修正圆锥长度尺寸。

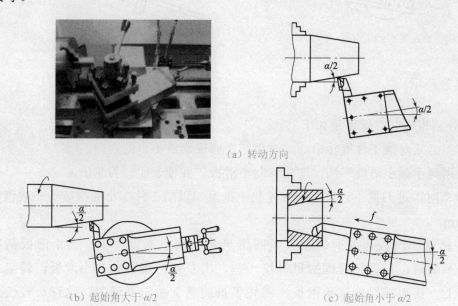

（a）转动方向

（b）起始角大于 $\alpha/2$ （c）起始角小于 $\alpha/2$

图 4-8 小滑板转动的角度

车削常用标准工具圆锥和专用的标准圆锥时，小滑板转动角度可参考表 4-4 所示。

表4-4 车常用标准工具圆锥时小滑板转动角度值

名 称	锥 度		小滑板转动角度	名 称	锥 度	小滑板转动角度
莫氏锥度	0	1 : 19.212	1° 29′ 27″	标准锥度	1 : 3	9° 27′ 44″
	1	1 : 20.047	1° 25′ 43″		1 : 5	5° 42′ 38″
	2	1 : 20.020	1° 25′ 50″		1 : 8	3° 34′ 35″
	3	1 : 19.922	1° 26′ 16″		1 : 10	2° 51′ 45″
	4	1 : 19.254	1° 29′ 15″		1 : 12	2° 23′ 09″
	5	1 : 19.002	1° 30′ 26″		1 : 15	1° 54′ 33″
	6	1 : 19.180	1° 29′ 36″		1 : 20	1° 25′ 56″

5. 车削外圆锥面

开动机床，移动中、小滑板，使车刀刀尖与工件右端外圆面轻轻接触如图 4-9 所示，然后将小滑板退出至端面，中滑板刻度调至零位，作为车外圆锥的起始位置。中滑板移动背吃刀量，然后双手交替转动小滑板手柄，如图 4-10 所示，手动进给速度要保持均匀一致和不间断。在车削的过程中，认真测量并逐步调整小滑板的角度，使工件锥度符合要求。

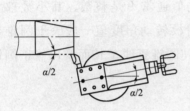

图 4-9　确定加工起始位置

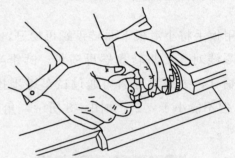

图 4-10　双手交替转动小滑板手柄

6. 注意事项

车削外圆锥面时注意事项如下：

① 车刀必须对准工件旋转中心，避免产生圆锥素线不直的误差。

② 应用两手握小滑板手柄，均匀移动小滑板，并使表面一刀车出。

③ 粗车时，进刀量不宜过大，应先找正锥度，以防工件车小而报废。一般留精车余量 0.5mm。

④ 在转动小滑板角度时应稍大于圆锥半角，然后逐步找正。当小滑板角度调整到相差不多时，只须把紧固螺母稍松一些，用左手拇指紧贴在小滑板，转盘与中滑板底盘上，用铜棒轻轻敲小滑板，需凭手指的感觉决定微调量，这样可较快地找正锥度。

⑤ 小滑板不宜过松以防工件表面车削痕迹粗细不一致。

⑥ 防止扳手在扳小滑板紧固螺母时打滑而撞伤手。

⑦ 外圆锥面表面粗糙度的要求。

用游标万能角度尺测量圆锥角度时，应根据角度的大小，选择不同的测量方法，测量 0°～140° 如图 4-11 所示。

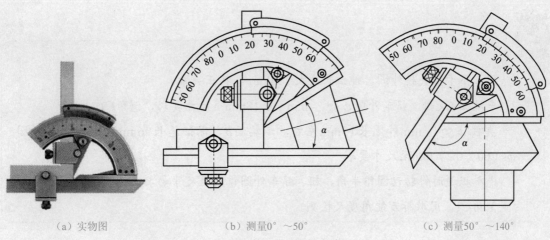

（a）实物图　　　　　（b）测量0°～50°　　　　　（c）测量50°～140°

图4-11　游标万能角度尺测量圆锥角度0°～140°

测量 140°～230° 如图 4-12 所示。

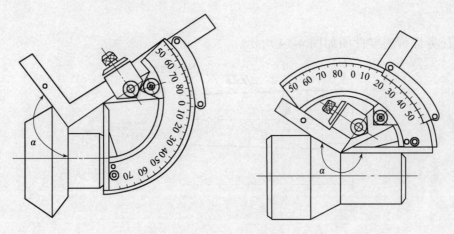

图 4-12　游标万能角度尺测量圆锥角度 140°～230°

练一练

用转动小滑板法车削图4-13所示零件的锥面。

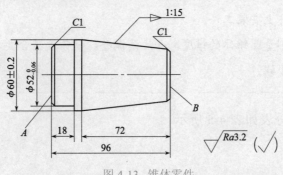

图 4-13　锥体零件

1. 用三爪卡盘夹持外圆，伸出长度大于20mm，找正夹紧。

2. 车端面 A 及粗、精车外圆 $\phi 52_{-0.06}^{0}$ mm，长18mm至尺寸要求，倒角 $C1$。

3. 夹住 $\phi 52_{-0.06}^{0}$ mm外圆长15mm左右，车端面 B，保证总长96mm，粗、精车外圆 ϕ（60 ± 0.2）mm至尺寸要求。

4. 小滑板逆时针转动圆锥半角，粗、精车外圆锥面至尺寸要求。

5. 倒角 $C1$，用游标万能角度尺检测。

🔍 任务评价

本任务评价的零件图如图 4-14 所示。

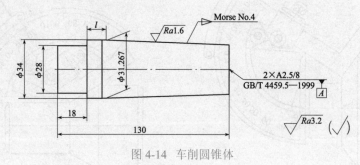

图 4-14　车削圆锥体

1. 车两端面，保证总长，打中心孔。

2. 在两顶尖上安装工件，车外圆。

3. 调头，在两顶尖上安装工件。

4. 粗车圆锥体，测量圆锥体的锥度，并注意调整，使锥度符合要求。

5. 重复练习以上步骤。

本任务评价、评分表如表 4-5 所示。

表4-5 任务二考核评价表 (mm)

序号	评价内容和要求	配分	评 价 标 准	评 价 结 果/分			综合得分
				自评	组评	教师评	
1	锥度	40	接触面积≥60%，每降低5%扣5分				
2	锥体长度	10	低于IT14扣10分				
3	130	10	低于IT14扣10分				
4	$\phi 34$	20	超差0.01扣1分；超差0.03以上不得分				
5	$Ra\leq1.6$	10	降一级扣5分				
6	$Ra\leq3.2$	10	降级不得分				
7	安全文明生产		违章一次扣10分				
8	综合评语						
9	姓名			日期			

知识拓展

车削圆锥体产生废品的原因及预防

车削圆锥体产生废品时，可以从表4-6所示中分析原因及寻找解决方案。

表4-6 车削圆锥体时产生废品的原因及预防方法

废品种类	产 生 原 因	预 防 方 法
锥度不正确	（1）用转动小滑板车削时 ① 小滑板转动角度计算错误 ② 小滑板移动时松紧不匀	仔细计算小滑板应转的角度和方向，并反复试车校正调整镶条使小滑板移动均匀
	（2）用偏移尾座法车削时 ① 尾座偏移位置不正确 ② 工件长度不一致	重新计算和调整尾座偏移量，如工件数量较多，各件的长度必须一致
	（3）用仿形法车削时 ① 装置仿形角度调整不正确 ② 滑块跟靠板配合不良	重新调整仿形装置角度，调整滑块和仿形装置之间的间隙
	（4）用宽刃刀车削时 ① 装刀不正确 ② 切削刃不直	调整切削刃的角度和高低使其对准工件轴线，修磨切削刃的直线度
	（5）铰内圆锥时 ① 铰刀锥度不正确 ② 铰刀的装夹轴线跟工件旋转轴线不同轴	修磨铰刀，用百分表和试棒调整尾座轴线
双曲线误差	车刀没有对准工件轴线	车刀必须严格对准工件轴线

项目五 车削普通螺纹

螺纹具有装拆容易和可拆性等特点，广泛应用于机械制造领域。螺纹标准已成为重要的机械基础标准之一。螺纹是现代机器常用的连接件。在日常生活中，螺纹也随处可见。下面将介绍螺纹的基本知识。

任务一　认识普通螺纹

🔲 **任务目标**

- 了解螺纹的形成和种类。
- 了解螺纹的主要几何参数。

🖐 **任务分析**

　　通过观察各种普通螺纹零件，认识螺纹的种类及螺纹各部分的名称。观察普通螺纹的结构特点，了解螺纹各部分名称及参数。

👷 **任务过程**

👉 **学一学**

1. 螺纹的概念

　　螺纹是指在圆柱面（或圆锥面）上，沿着螺旋线形成的，具有相同剖面的连续凸起和沟槽。如图 5-1 所示为内外普通螺纹。

（a）外螺纹　　　　　　　　　　　　　（b）内螺纹

图 5-1　普通螺纹

2. 螺纹的种类

螺纹按其母体形状分为圆柱螺纹和圆锥螺纹；按其在母体所处位置分为外螺纹、内螺纹；按其剖面形状（牙型）分为三角形螺纹（普通螺纹、管螺纹）、矩形螺纹、梯形螺纹、锯齿形螺纹及其他特殊形状螺纹，如图 5-2 所示，普通螺纹主要用于连接，矩形、梯形和锯齿形螺纹主要用于传动；按螺旋线方向分为左旋螺纹和右旋螺纹，一般右旋螺纹较常见；按螺旋线的数量分为单线螺纹、双线螺纹及多线螺纹，连接用的多为单线，传动用的采用双线或多线；普通螺纹按牙的大小分为粗牙螺纹和细牙螺纹等；按使用场合和功能不同，可分为紧固螺纹、管螺纹、传动螺纹、专用螺纹等。

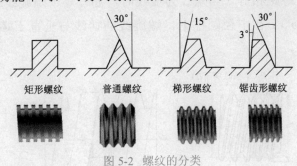

图 5-2 螺纹的分类

3. 螺纹的主要参数（见图5-3）

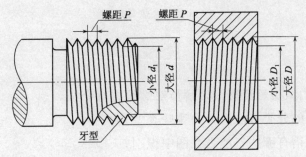

图 5-3 螺纹的基本参数

① 牙型角：在通过螺纹轴线的剖面上，相邻两牙侧间的夹角称为牙型角。大多数螺纹的牙型角对称于轴线垂直线，即牙型半角相等。

② 公称直径（d、D）：表示螺纹尺寸的直径（即大径）。

③ 大径、中径、小径（见图 5-4）。

大径（d、D）：又称外（内）螺纹顶径。

小径（d_1、D_1）：又称外（内）螺纹底径。

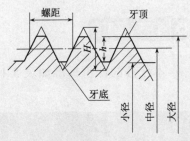

图 5-4 螺纹的大径、中径、小径

中径（d_2、D_2）：中径是一个假想圆柱的直径，该圆柱的母线通过牙型上沟槽和凸起宽度相等的地方，外螺纹中径与内螺纹中径相等。

④ 原始三角形高度（H）：牙型两侧相交而得的尖角的高度。

⑤ 基本牙型：截去原始三角形顶部和底部所形成的螺纹牙型，该牙型具有螺纹的基本尺寸。

⑥ 牙型高度（h）：在螺纹牙型上，牙顶到牙底之间，垂直于螺纹轴线的距离。

⑦ 螺距（P）：相邻两牙在中径线上对应两点间的轴向距离。

⑧ 导程（P_h）：同一螺旋线上相邻两牙在中径线上对应两点间的轴向距离。当螺纹为单线时，导程与螺距相等。当螺纹为多线时，导程等于螺旋线线数乘以螺距。

⑨ 螺纹升角（ω）：在中径圆柱上，螺旋线的切线与垂直于螺纹轴线的平面间的夹角，如图 5-5 所示。

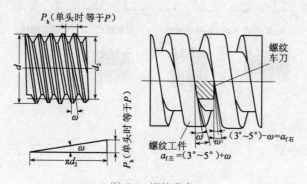

图 5-5　螺纹升角

练一练

学生分小组，由组员轮流扮演讲解员对螺纹进行介绍。

1. 螺纹按不同的分类方法可分为哪些类型？
2. 常用螺纹术语有哪些？能否在图中识别？

任务评价

本任务的评价标准如表 5-1 所示。

表5-1　任务一考核评价表

序号	评 价 内 容	评 价 标 准	配分	评价结果/分		综合得分
				组评	教师评	
1	螺纹的分类及其种类	正确讲解得满分	30			
2	螺纹的主要参数	正确讲解得满分	30			

序号	评价内容	评价标准	配分	评价结果		综合得分
				组评	教师评	
3	文明见习与纪律	态度端正，服从管理	40			
4	综合评语					
5	姓名		日期			

知识拓展

螺纹应用及其加工的发展史

螺纹原理的应用可追溯到公元前 220 年希腊学者阿基米德创造的螺旋提水工具。公元 4 世纪，地中海沿岸国家在酿酒用的压力机上开始应用螺栓和螺母的原理。1500 年左右，意大利人列奥纳多·达芬奇绘制的螺纹加工装置草图中，已有应用母丝杠和交换齿轮加工不同螺距螺纹的设想。此后，机械切削螺纹的方法在欧洲钟表制造业中有所发展。1760 年，英国人 J. 怀亚特和 W. 怀亚特兄弟获得了用专门装置切制木螺钉的专利。1778 年，英国人 J. 拉姆斯曾制造了一台用蜗轮副传动的螺纹切削装置，能加工出精度很高的长螺纹。1797 年，英国人 H. 莫兹利在由他改进的车床上，利用母丝杠和交换齿轮车削出不同螺距的金属螺纹，奠定了车削螺纹的基本方法。19 世纪 20 年代，莫兹利制造出第一批加工螺纹用的丝锥和板牙。20 世纪初，汽车工业的发展促进了螺纹的标准化和螺纹加工方法的发展，各种自动张开板牙头和自动收缩丝锥相继发明，螺纹铣削开始应用。20 世纪 30 年代初，出现了螺纹磨削。螺纹滚压技术虽在 19 世纪初期就有专利，但因模具制造困难，发展很慢，直到第二次世界大战时期，由于军火生产的需要和螺纹磨削技术的发展解决了模具制造的精度问题，才获得迅速发展。

第一次工业革命后，英国人发明了车床、板牙和丝锥，为螺纹件的大批生产奠定了技术基础。1841 年，英国人惠特沃斯（Joseph Whitworth）提出了世界上第一份螺纹国家标准（BS 84，惠氏螺纹，B.S.W 和 B.S.F），从而奠定了螺纹标准的技术体系。1905 年，英国人泰勒（William Taylor）发明了螺纹量规设计原理（泰勒原则）。从此英国成为世界上第一个全面掌握螺纹加工和检测技术的国家，英制螺纹标准是世界上现行螺纹标准的祖先，英制螺纹标准最早得到了世界范围的认可。

美国的国家螺纹（N）标准是在英制惠氏螺纹基础上发展起来的。第二次世界大战后，它转化为二战盟国共同使用的统一螺纹（UN）。这是世界上第一份得到国际组织认可的国际标准。美国的管螺纹标准是由美国人独立研制出来的，它与英制管螺纹共同构成了当今世界管螺纹标准领域的两大支柱。美制梯形螺纹（Acme）和锯齿形螺纹也同样得到二战同盟国的认可。所以，美制螺纹标准对现代国际贸易有着极其重要的影响。

米制普通螺纹（M）来源于美制国家螺纹（N），在欧洲大陆上得到了广泛使用，并纳入 ISO 标准。当公制单位制（米制是其中的长度单位）被确定为国际法定计量单位后，又进一步提升了米制普通螺纹在国际贸易中的地位。

任务二　学会螺纹车刀的刃磨与安装

任务目标

- 了解普通螺纹车刀的几何形状和角度要求。
- 掌握普通螺纹车刀的刃磨方法和刃磨要求。
- 掌握用样板检查修正刀尖角的方法。
- 能根据螺纹样板正确装夹车刀。

任务分析

要车好螺纹，必须正确刃磨车刀。普通螺纹车刀切削部分形状应当和螺纹牙型的轴向剖面形状相符合，即车刀的刀尖角应等于牙型角。了解普通螺纹车刀的刃磨要求及刃磨步骤，掌握正确刃磨和检查刀尖角的方法，完成图 5-9 所示的螺纹车刀的刃磨。

任务过程

 学一学

1. 普通螺纹车刀的几何角度

（1）前角为 0° 时

刀尖角应等于牙型角。车削普通螺纹时为 60°，英制螺纹时为 55°。

（2）前角一般为 $0°\sim15°$

因为螺纹车刀的纵向前角对牙型角有很大影响，所以精车或车削精度要求高的螺纹时，径向前角取得小些，一般为 $0°\sim5°$。

（3）后角一般为 $5°\sim10°$

因受螺纹升角的影响，进刀方向一侧的后角应磨得稍大些，但大直径、小螺距的普通螺纹，这种影响可忽略不计。

2. 普通螺纹车刀的刃磨

（1）刃磨要求（见图5-6）

根据粗、精车的要求，刃磨出合理的前、后角。粗车刀前角大、后角小，精车刀相反。车刀的左右刀刃必须是直线，无崩刃。刀头不歪斜，牙型半角相等。内螺纹车刀刀尖角平分线必须与刀杆垂直。内螺纹车刀后角应适当大些。

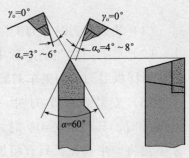

图5-6 硬质合金螺纹车刀

（2）刀尖角的刃磨

由于螺纹车刀刀尖角要求高，刀头体积又小，因此刃磨起来比一般车刀困难。在刃磨高速钢螺纹车刀时，若感到发热烫手，必须及时用水冷却，否则容易引起刀尖退火；刃磨硬质合金车刀时，应注意刃磨顺序，一般是先将刀头后面适当粗磨，随后再刃磨两侧面，以免产生刀尖爆裂。在精磨时，应注意防止压力过大而震碎刀片，同时要防止刀具在刃磨时骤冷骤热而损坏刀片。

（3）刃磨步骤

① 粗磨两侧后面，形成刀尖角。

② 粗磨前面初步形成前角。

③ 精磨前面形成前角。

④ 精磨两侧后面，用螺纹对刀样板控制刀尖角。

⑤ 修磨刀尖，刀尖倒棱宽度约为 $0.1P$。

（4）刀尖角的检查

为了保证磨出准确的刀尖角，在刃磨时可用螺纹角度样板测量，如图5-7（a）所示。测量时把刀尖角与样板贴合，对准光源，仔细观察两边贴合的间隙，并进行修磨，如图5-7（b）所示。对于具有纵向前角的螺纹车刀可以用一种较厚的特制螺纹样板来测量刀尖角，测量时样板应与车刀底面平行，用透光法检查，这样量出的角度近似等于牙型角，如图5-7（c）所示。

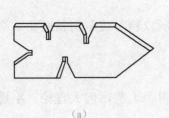
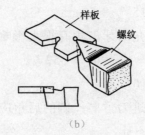
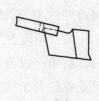

（a）　　　　　　　（b）　　　　　　　（c）

图 5-7　刀尖角的检查

3. 普通螺纹车刀的装夹（见图5-8）

（1）装夹车刀时，刀尖位置一般应对准工件回转中心。

（2）车刀刀尖角的对称中心线必须与工件轴线垂直，装刀时可用样板对刀，如果车刀装歪，就会出现牙型歪斜。

（3）安装螺纹车刀时，车刀的刀尖角等于螺纹牙型角 $\alpha=60°$ 时，其前角 $\gamma_o=0°$ 时才能保证工件螺纹的牙型角，否则牙型角将产生误差。只有粗加工时或螺纹精度要求不高时，其前角可取 $\gamma_o=5°\sim20°$。

图 5-8　螺纹车刀的装夹

（4）刀头伸出不应过长，一般为 20～25mm（约为刀杆厚度的 1.5 倍）。

4. 注意事项

① 磨刀时，人的站立位置要正确，特别在刃磨整体式内螺纹车刀内侧刀刃时，不小心就会使刀尖角磨歪。

② 刃磨高速钢车刀时，宜选用 80 #氧化铝砂轮，磨刀时压力应小于一般车刀，并及时蘸水冷却，以免过热而失去刀刃硬度。

③ 粗磨时也要用样板检查刀尖角，若磨有纵向前角的螺纹车刀，粗磨后的刀尖角略大于牙型角，待磨好前角后再修正刀尖角。也可以先磨出正确的刀尖角，再磨前角，磨好前角后，刀尖角应略小于牙型角。

④ 刃磨螺纹车刀的刀刃时，要稍带移动，这样容易使刀刃平直。

练一练

1. 根据图 5-9 所示确定普通内外螺纹车刀的刃磨步骤。
2. 每组每人根据图 5-9 所示完成外普通螺纹车刀的刃磨并达到图样要求。
3. 每人各自完成螺纹车刀的装夹。

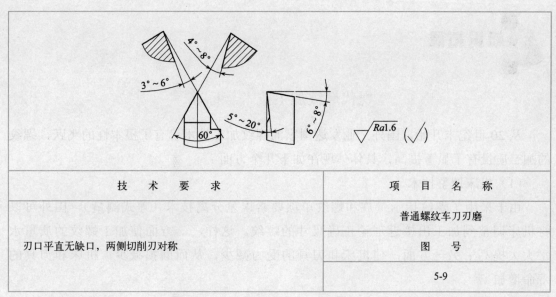

技 术 要 求	项 目 名 称
刃口平直无缺口，两侧切削刃对称	普通螺纹车刀刃磨
	图 号
	5-9

图 5-9 螺纹车刀刃磨

🔍 **任务评价**

本任务的评价标准如表 5-2 所示。

表5-2 任务二考核评价表

序号	考核内容	评 价 标 准	配分	评 价 结 果			综合得分
				自评	组评	教师评	
1	刀尖角	刀尖倾斜不得分	10				
2	径向前角 5°～20°	超差1°扣5分	10				
3	样板检查	一处不合格不得分	30				
4	两侧刀刃平整光洁	一处不合格扣10分	20				
5	正确装夹螺纹刀	刀具装正，等高	10				
6	安全文明生产	遵守有关规定，符合安全要求	15				
7	同组协作	能互相帮助，共同学习	5				
8	综合评语						
9	姓名		日期				

现代螺纹加工技术与标准

从 20 世纪末开始，国外工业发达国家的螺纹加工技术已有了根本性的飞跃，螺纹的加工质量有了显著提高，具体体现在如下几个方面：

（1）机床调整技术

由于采用了螺纹指示量规和螺纹单项要素误差分离技术（差式测量），国外可以将机床调整到加工出接近理论正确尺寸的螺纹。这样，一方面使加工螺纹的质量水平大大提高；另一方面，使机床和刃具的受力减少，从而磨损减少，机床和刃具的寿命增加。

（2）加工过程技术参数控制技术

为了监控高速运行的每个螺纹加工过程，国外在刃具支持机构内安装了测量受力大小的传感器，从而可由此绘制出每个螺纹加工过程的受力变化曲线。以加工出接近理论正确尺寸螺纹的受力曲线为基准，规定受力允许变化的最大幅度。当受力超出规定范围时，设备自动停机，待技术人员分析事故原因后重新调整设备。这种受力监控仪已有专门厂家生产，螺纹加工企业可以对没有安装监控仪的现有设备进行改装。另外，为了及早发现刃具异常，有些设备上还装有高频测声仪，从而可以避免刃具崩齿现象的发生。

国外有些企业利用 SPC 技术，在加工过程中测量螺纹尺寸，监控螺纹参数变化过程，并将螺纹的加工误差控制在产品规定公差的 60% 以内。

（3）100% 测量技术

利用激光照相技术，可以对每个螺纹件进行检测，及时挑出不合格产品。

（4）数控机床及计算机信息化管理

为了应对小批量、多品种和供货时间短的市场要求，国外企业开始使用数控机床及计算机信息化管理技术加工螺纹产品。数控机床可以记忆以前加工相同螺纹的调整位置，使调整机床的时间大大减少。计算机管理技术可以实现生产过程的全程高效管理，提高生产效率。

国外为了应对中国大量出口产品的冲击，利用标准和市场准入两张王牌构筑技术壁垒。例如，欧洲利用 ISO 7 标准的控制权，将亚洲和北美洲大量生产和使用的密封管螺纹产品排除在 ISO 标准之外；美国利用"紧固件质量行动"的市场准入制度，阻碍中国紧固件产品进入美国；德国人花费 13 年的时间，强行按 DIN 标准修改 ISO 的普通螺纹标准。因此我们要发奋努力，充满信心，提高自己的加工技术水平和国际竞争力。

任务三 学会车削普通外螺纹

任务目标

- 了解普通螺纹的用途和技术要求。
- 能根据工件螺距,查车床进给箱的铭牌表及调整手柄位置和挂轮。
- 逐步掌握用直进法、斜进法、左右切削法车削普通螺纹。
- 掌握检测普通螺纹的方法。

任务分析

了解普通螺纹的技术要求,了解普通螺纹相关参数的基本计算方法。通过正确装刀,试车削,逐步练习用直进法、斜进法、左右切削法车削普通螺纹。从而熟练掌握普通外螺纹的车削方法。

任务过程

学一学

1. 普通螺纹的应用、特点及技术要求

在机器制造业中,普通螺纹的应用很广泛,常用于连接、紧固,在工具和仪器中还往往用于调节。

普通螺纹的特点是螺距小,螺纹长度较短。其基本要求是螺纹轴向剖面牙型角必须正确,两侧面表面粗糙度小;中径尺寸符合精度要求;螺纹与工件轴线保持同轴。

2. 车削螺纹时车床的调整

(1)变换手柄位置

一般按工件螺距在进给箱铭牌上找到交换齿轮的齿数和手柄位置,并把手柄拨到所需的位置上。

（2）调整交换齿轮

某些车床按铭牌表根据所具备的齿轮，需重新调整交换齿轮，其方法如下：

① 切断机床电源，车头变速手柄放在中间空挡位置。

② 识别有关齿轮、齿数、上、中、下轴。

③ 了解齿轮装拆的程序及单式、复式交换齿轮的组装方法。

④ 在调整交换齿轮时，必须先把齿轮套筒和小轴擦干净，并使其相互间隙稍大些，涂上润滑油（有油杯的应装满黄油，定期用手旋进）。套筒的长度要小于小轴台阶的长度，否则螺母压紧套筒后，中间轮就不能转动，开车时会损坏齿轮或扇形板。

⑤ 交换齿轮啮合间隙的调整是变动齿轮在交换齿轮架上的位置及交换齿轮架本身的位置，使各齿轮的啮合间隙保持在 0.1 ～ 0.15mm；如果太紧，挂轮在转动时会产生很大的噪声并损坏齿轮。

（3）调整滑板间隙

调整中、小滑板镶条时，不能太紧，也不能太松。太紧了，摇动滑板费力，操作不灵活；太松了，车螺纹时容易产生"扎刀"。顺时针方向旋转小滑板手柄，消除小滑板丝杆与螺母的间隙。

3．车削动作练习

① 选择主轴转速为 200 r/min 左右，启动车床，将主轴倒、顺转数次，然后合上开合螺母，检查丝杠与开合螺母的工作情况是否正常，若有跳动和自动抬闸现象，必须消除。

② 练习开合螺母的分合动作：先退刀后提开合螺母（间隔瞬时），动作协调。

③ 试切螺纹，在外圆上根据螺纹长度，用刀尖对准，开车并径向进给，使车刀与工件轻微接触，车出一条刻线作为螺纹终止退刀标记，并记住中滑板刻度盘读数，退刀。将床鞍摇至离工件端面 8 ～ 10 牙处，径向进给 0.05 mm 左右，调整刻度盘"0"位，以便车削螺纹副时掌握切削深度。合下开合螺母，在工件表面上车出一条有痕螺旋线，到螺纹终止线时迅速退刀，提起开合螺母（注意螺纹收尾在 2/3 圈之内）。图 5-10 所示为用钢直尺和螺距规检查螺距。

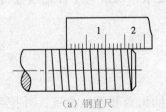

（a）钢直尺

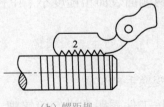

（b）螺距规

图 5-10　螺距的检查

4．车削普通螺纹的进刀方法

车削普通螺纹有低速车削和高速车削两种。

低速车削使用高速钢螺纹车刀，高速车削使用硬质合金螺纹车刀。

（1）低速车削普通螺纹

低速车削普通螺纹的方法如下：

① 直进法如图 5-11 所示。

车螺纹时，螺纹车刀刀尖及左右两侧刀刃都参加切削动作。每次切刀由中滑板作径向进给，随着螺纹深度的加深，切削深度相应减小。

这种切削方法操作简单，可以得到比较正确的牙型，适用于螺距小于 2 mm 和脆性材料的螺纹车削。

② 斜进法如图 5-12 所示。

在粗车螺纹时，为了操作方便，除了中滑板进给外，小滑板向同一方向作微量进给。

③ 左右切削法如图 5-13 所示。

车削过程中，除了中滑板作垂直进给外，同时使用小滑板把车刀作左、右微量进给，这样重复切削几次，直至螺纹全部车削好。

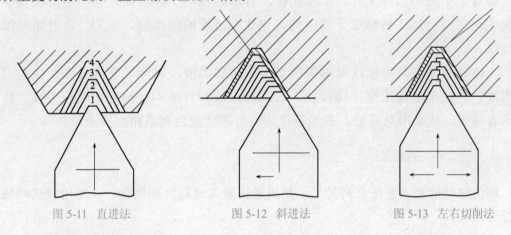

图 5-11 直进法　　　　　图 5-12 斜进法　　　　　图 5-13 左右切削法

（2）高速车削普通螺纹

高速切削时使用的是硬质合金车刀，高速切削时只能采用直进法进给，采用左右切削法或斜进法会将工件的另一侧拉毛。高速切削时的切削速度一般取 50 ～ 100 m/min。

5．普通螺纹的车削方法

（1）提开合螺母法

适用于螺距能被车床丝杠螺距整除的螺纹，否则会产生乱牙。

操作方法：启动车床，螺纹车刀在工件外圆表面对刀后，移动车刀至工件的起点位置，横向进给后（第一刀 0.5 mm 左右，以后随进给次数的增加逐渐减少），合上开合螺母纵向进给。在螺纹长度结束后迅速拉开开合螺母，使刀架与丝杠脱离，再纵向退刀至螺母起点。重复横向进刀再合上开合螺母，继续第二次进给，如此往复车削至螺纹完成。

（2）开倒顺车法

在车削螺纹中，退刀时不打开开合螺母，采用开倒顺车机动退刀。采用此方法，车刀与工件的位置始终对应，不会发生乱牙。

操作方法：启动车床，螺纹车刀在工件外圆表面对刀后，移动车刀至工件的起点位置，横向进给后（第一刀 0.5 mm 左右，以后随进给次数的增加逐渐减少），合上开和螺母纵向进给。第一次进给结束后，不提开合螺母，而是摇中滑板使车刀径向推出离开工件表面，同时左手压下操纵杆使主轴反转。此时丝杠反转，开合螺母带动刀架纵向退回到第一刀开始起刀的位置，然后中滑板进给，再开顺车走第二刀，这样反复来回，一直到把螺纹车削好为止。

（3）中途对刀法

在车螺纹时，如果遇到中途换刀或刀具刃磨须重新对刀。首先选择低速，合上开合螺母，车刀不切入工件，主轴正传，待车刀移至工件表面，移动小滑板使车刀刀尖完全对准已加工的螺纹牙槽中间，记住中滑板的刻度值，退刀，再开始继续车削螺纹。

无论哪种方法，车螺纹时都需恰当地使用切削液，以降低切削温度，提高刀具耐用度。一般采用高浓度（10% 以上）的乳化液和含油添加剂的切削液为宜，精度需求很高时，要采用菜籽油、豆油等作为润滑液才能达到高精度要求。

6. 普通螺纹的测量

测量螺纹的基本方法有两种：一是用通用量具进行分项测量，一是用螺纹环规进行综合测量。

（1）分项测量

① 大径测量：螺纹的大径一般公差较大，可用游标卡尺或者千分尺测量。

② 螺距测量：用钢直尺或用螺距规测量，用钢直尺测量 10 个螺距的长度，然后把长度除以 10，就得出一个螺距的数值。对于细牙螺纹，如果钢直尺测量比较困难，可用螺距规检验，检验时，将螺距规放于工件轴向平面内，若螺距规上牙型与工件牙型一致，工件螺距即为合格。

③ 中径测量：螺纹中径是螺纹分项测量的主要项目。可用螺纹千分尺（见图 5-14）测量，所测得的千分尺读数就是该螺纹中径的实际尺寸。图 5-15 所示为螺纹中径的测量方法。

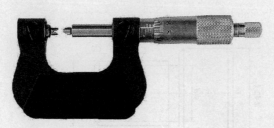

图 5-14 螺纹千分尺

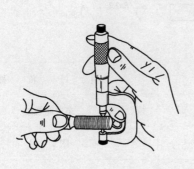

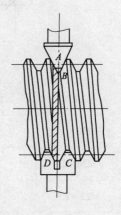

图 5-15 螺纹中径的测量方法

（2）综合测量

在实际生产中，普通螺纹的现场测量一般用螺纹量规（见图 5-16、图 5-17）综合检查螺纹。螺纹量规测有量外螺纹用的环规和测量内螺纹的塞规两种。在使用螺纹量规测量螺纹时，如果量规的过端可拧进去，而止端拧不进去，则说明被测螺纹的精度合格。

图 5-16 螺纹塞规

图 5-17 螺纹环规

练一练

1. 根据图 5-18 所示确定零件的加工步骤，完成螺纹零件的加工并达到图样要求。

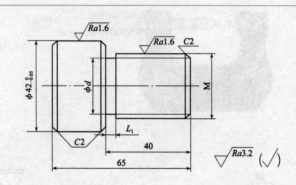

次数	M	直径 d	L_1	项 目 名 称
1	M30×2	26	5	车普通螺纹
2	M26×2	22	6	图 号
3	M22×2.5	17	6	5-18

图 5-18 三角螺纹加工

2. 训练要求如下：

① 掌握普通内、外螺纹车刀的刃磨。

② 掌握低速车削普通内、外螺纹的方法。

③ 合理选择切削用量，用高速钢刀低速车削螺纹。

3. 使用的刀具、量具和辅助工具有如下几种：

内、外三角形螺纹车刀、螺纹千分尺、螺纹环规、螺纹塞规等。

4. 参考步骤如下：

① 装夹毛坯外圆，车两端面，取总长65，两端钻中心孔；

② 粗车外圆至 $\phi42.5$；

③ 一夹一顶，粗、精车 $\phi42_{-0.05}^{\ 0}$ 至尺寸要求，长度大于25；

④ 包铜皮反向装夹 $\phi42_{-0.05}^{\ 0}$，一夹一顶，粗、精车 M30 处外圆；

⑤ 车削退刀槽至尺寸要求，倒角；

⑥ 车削 M30 螺纹至尺寸要求；

⑦ 重复⑤、⑥步骤，练习车削 M26×2，M22×2.5。

🔍 **任务评价**

本任务的评价标准如表 5-3 所示。

表5-3　任务三考核评价表　　　　　　　　　　　　　　　　　　（mm）

序号	考核内容和要求		配分	评价标准	评价结果/分			综合得分
					自检	组检	教师检	
1	$\phi 42^{\ 0}_{-0.05}$		6	超差0.01扣1分；超差0.03以上不得分				
2	槽径ϕd	$\phi 26$	5					
		$\phi 22$	5					
		$\phi 17$	5					
3	槽宽L_1	5	4	超差0.02扣1分；超差0.06以上不得分				
		6	4					
4	40		6					
5	总长65		8					
6	M30×2	大径	6	超差不得分				
		中径	8					
		$Ra1.6$	5					
7	M26×2	大径	6	超差不得分				
		中径	8					
		$Ra1.6$	5					
8	M22×2.5	大径	6	超差不得分				
		中径	8					
		$Ra1.6$	5					
9	综合评语							
10	姓名				日期			

知识拓展

螺纹其他切削加工方法简介

在工件上加工出内、外螺纹的方法，主要有切削加工和滚压加工两类。其中螺纹切削加工一般指用成形刀具和磨具在工件上加工螺纹的方法，主要有车削、铣削、攻螺纹、套螺纹、磨削、研磨和旋风切削等。车削、铣削和磨削螺纹时，工件每转一转，机床的传动链保证车刀、铣刀或砂轮沿工件轴向准确而均匀地移动一个导程。在攻螺纹或套螺纹时，刀具（丝锥或板牙）与工件作相对旋转运动，并由先形成的螺纹沟槽引导着刀具（或工件）做轴向移动，现对几种常见切削加工方法简单介绍如下：

（1）螺纹切削

螺纹切削一般指用成形刀具或磨具在工件上加工螺纹的方法，主要有车削、铣削、攻螺纹、套螺纹、磨削、研磨和旋风切削等。车削、铣削和磨削螺纹时，工件每转一转，机床的传动链保证车刀、铣刀或砂轮沿工件轴向准确而均匀地移动一个导程。在攻螺纹或套螺纹时，刀具 (丝锥或板牙) 与工件作相对旋转运动，并由先形成的螺纹沟槽引导着刀具 (或工件) 作轴向移动。

在车床上车削螺纹可采用成形车刀或螺纹梳刀。用成形车刀车削螺纹，由于刀具结构简单，是单件和小批量生产螺纹工件的常用方法；用螺纹梳刀车削螺纹，生产效率高，但刀具结构复杂，只适用于中、大批量生产中车削细牙的短螺纹工件。普通车床车削梯形螺纹的螺距精度一般只能达到 8 ～ 9 级；在专门化的螺纹车床上加工螺纹，生产效率或精度可显著提高。

（2）螺纹铣削

在螺纹铣床上用盘形铣刀或梳形铣刀进行铣削。盘形铣刀主要用于铣削丝杆、蜗杆等工件上的梯形外螺纹。梳形铣刀用于铣削内、外普通螺纹和锥螺纹，由于是用多刃铣刀铣削，其工作部分的长度又大于被加工螺纹的长度，故工件只需要旋转 1.25 ～ 1.5 转就可加工完成，生产效率很高。螺纹铣削的螺距精度一般能达 8 ～ 9 级，表面粗糙度值为 $Ra3.2 \sim Ra1.6 \ \mu m$。这种方法适用于成批生产一般精度的螺纹工件或磨削前的粗加工。

（3）螺纹磨削

螺纹磨削主要用于在螺纹磨床上加工淬硬工件的精密螺纹。按砂轮截面形状不同分单线砂轮和多线砂轮磨削两种。单线砂轮磨削能达到的螺距精度为 5 ～ 6 级，表面粗糙度值为 $Ra1.25 \sim Ra0.2 \ \mu m$，适用于磨削精密丝杠、螺纹量规、蜗杆、小批量的螺纹工件和铲磨精密滚刀。多线砂轮磨削又分纵磨法和切入磨法两种。切入磨法的砂轮宽度大于被磨螺纹长度，砂轮径向切入工件表面，工件约转 1.25 转就可磨好，生产效率较高，但精度稍低，砂轮修整比较复杂。切入磨法适用于磨削量较大的丝锥和磨削某些紧固用的螺纹。

项目六 车工操作综合实训

综合实训的目的，是使我们熟练、巩固、提高在前面学习时所获得的工艺知识和操作技能，并将这些专业知识和技能综合、融会贯通起来，从而掌握一般简单零件的加工方法。

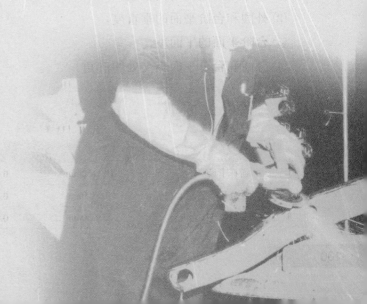

任务一　台阶轴

任务目标

- 了解一般简单轴类零件的加工方法，能较合理地选择切削用量，做到粗、精车有区别。
- 通过车削台阶轴的练习，进一步熟练、巩固、提高外圆、台阶、沟槽车削的操作技能。
- 能根据图样要求确定一般简单轴类零件的加工工艺。
- 能根据图 6-1 所示的零件图独立完成零件的加工，并达到要求。

任务分析

图 6-1 所示为台阶轴，完成该零件的加工。

① 该零件为双向台阶轴，各挡外圆均有精度要求，在加工时应划分粗、精加工阶段。

② 零件两端外圆有同轴度要求，故应考虑两顶尖装夹车削，从而保证其形位公差。

任务过程

台阶件的车削，实际上就是外圆和平面车削的组合。台阶零件通常与其他零件结合使用，因此，其零件加工时一般应满足以下技术要求：

① 各挡外圆之间的同轴度。

② 外圆和台阶平面的垂直度。

③ 台阶平面的平面度。

④ 外圆和台阶平面相交处的清角。

1. 工夹量具准备（见表6-1）

表6-1　工夹量具准备

序　号	名　　称	规　格	精　度	数　量	备　注
1	游标卡尺	0～150mm	0.02	1	
2	千分尺	0～25mm	0.01	1	
3	千分尺	25～50mm	0.01	1	

(mm) **续表**

序　号	名　　称	规　格	精　度	数　量	备　注
4	硬质合金车刀	90°45°		自定	
5	中心钻	A3		自定	
6	切槽刀	4×6		自定	
备注	活顶尖、钢直尺、铜皮、垫刀片等自备				

2．阅读零件图（见图6-1）

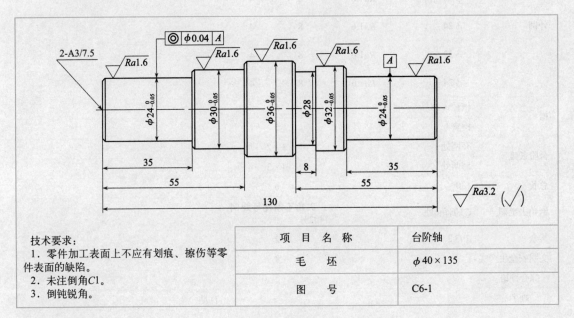

技术要求：
1．零件加工表面上不应有划痕、擦伤等零件表面的缺陷。
2．未注倒角C1。
3．倒钝锐角。

项　目　名　称	台阶轴
毛　坯	$\phi 40 \times 135$
图　号	C6-1

图 6-1　台阶轴

加工工艺参考如表 6-2 所示。

表6-2　加工工艺参考表　　　　　　　　　　　　　　　(mm)

工序	工种	加　工　内　容
1	锯	下料 $\phi 40 \times 135mm$
2	车	粗车外圆 $\phi 36$、$\phi 32$、$\phi 24$ 及端面，各留1mm精车量，钻中心孔
3	车	调头装夹 $\phi 36$ 处，粗车 $\phi 30$、$\phi 24$，各留1mm精车量，长度为130mm，钻中心孔
4	车	加工60°死顶尖，用鸡心卡箍，用前后顶尖安装工件精车 $\phi 36_{-0.05}^{0}$，$\phi 32_{-0.05}^{0}$，$\phi 30_{-0.05}^{0}$、$\phi 24_{-0.05}^{0}$ 尺寸，保证同轴度及各台阶尺寸
5	车	切 $\phi 28 \times 8$ 槽（夹 $\phi 36$ 处，包铜皮）
6		倒角，去毛刺
7		检验

任务评价

本任务的评价标准如表 6-3 所示。

表6-3 任务一考核评价表   （mm）

项　目	考核要求		配　分		评价结果/分			综合得分
			IT	Ra	自检	组检	教师检	
外圆	$\phi 36^{\ 0}_{-0.05}$	Ra1.6	8	4				
	$\phi 30^{\ 0}_{-0.05}$	Ra1.6	8	4				
	$\phi 24^{\ 0}_{-0.05}$	Ra1.6	8	4				
	$\phi 32^{\ 0}_{-0.05}$	Ra1.6	8	4				
	$\phi 24^{\ 0}_{-0.05}$	Ra1.6	8	4				
槽	槽径 ϕ 28		5					
	槽宽8		5					
台阶长度	35两处		3×2					
	55两处		4×2					
总长	130		6					
倒角去毛刺	C1倒角6处		尖角不倒钝每处倒扣2分					
其余	Ra3.2		2					
文明安全生产实习			8					
综合评语								
姓名				日期				

任务二　锥柄螺杆

任务目标

- 了解一般螺杆的加工方法。
- 通过锥柄螺杆工件的加工，进一步巩固、提高螺纹、外锥、滚花的操作技能。
- 能根据图样要求确定该锥柄螺杆零件的加工工艺。
- 能根据图 6-2 所示独立完成锥柄螺杆零件的加工，并达到要求。

任务分析

图 6-2 所示为锥柄螺杆，完成该零件的加工。

① 该零件为一锥度螺杆，零件长度为 98 mm，为保证加工时的刚性，可采用一夹一顶的方法加工。

② 螺杆螺纹为 M24×2，在加工时可以先粗车，后精车。粗车时应将小滑板调紧些，防止车刀移位而产生乱牙。

锥柄螺杆一般普遍用于简单连接以及调节长度间隙等。结合前面所学技能，了解锥柄螺杆的加工方法。

1. 工夹量具准备（见表6-4）

表6-4　工夹量具准备

序 号	名 称	规 格	精 度	数 量	备 注
1	游标卡尺	0～150mm	0.02	1	
2	千分尺	0～25mm	0.01	1	
3	千分尺	25～50mm	0.01	1	
4	硬质合金车刀	90°45°		自定	
5	中心钻	A3		自定	
6	外螺纹车刀	60°			
7	外切槽刀	4×3			
8	中心钻	A3		1	
备注	活顶尖、钢直尺、铜皮、垫刀片等自备				

2. 阅读零件图（见图6-2）

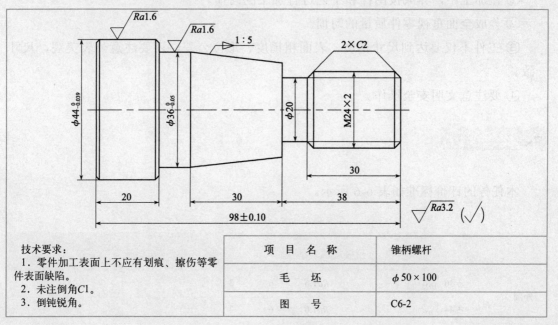

技术要求：
1. 零件加工表面上不应有划痕、擦伤等零件表面缺陷。
2. 未注倒角C1。
3. 倒钝锐角。

项 目 名 称	锥柄螺杆
毛 坯	$\phi 50 \times 100$
图 号	C6-2

图 6-2　锥柄螺杆

练一练

1. 加工工艺参考（见表6-5）。

表6-5　加工工艺参考表

序　号	加　工　内　容
1	下料，450×100
2	装夹毛坯，$L_{伸}$=60～70mm，校正
3	粗精车端面，（钻中心孔）
4	粗车外圆，ϕ50→ϕ36.5左右，L≥75
5	夹ϕ36.5外圆，车端面，保证总长98
6	调头装夹粗车外圆ϕ50→ϕ44.5左右
7	夹外圆ϕ44.5，校正（一夹一顶）
8	粗车各档外圆ϕ36.5→ϕ24.5，L=38
9	切槽
10	精车各档外圆ϕ36，ϕ24
11	车外锥1：5
12	倒角，去毛刺
13	车螺纹M24×2（用螺纹环规检查）
14	检验

2. 注意事项

① 在加工中，养成按图样和工艺进行加工的习惯。

② 养成全面重视零件质量的习惯。

③ 工件不仅要达到尺寸精度、表面粗糙度、形位公差，还要注意外表美观，尺寸一致。

④ 要注意文明安全操作。

任务评价

本任务的评价标准如表6-6所示。

表6-6　任务二考核评价表

项　目	考　核　内　容		配　分		评价结果/分			综合得分
			IT	Ra	自检	组检	教师检	
外圆	$\phi 36_{-0.025}^{0}$	$Ra1.6$	6	3				
	$\phi 44_{-0.025}^{0}$	$Ra1.6$	6	3				

续表

项　　目	考　核　内　容		配　　分		评价结果/分			综合得分
			IT	Ra	自检	组检	教师检	
外锥	圆锥半角 $\alpha/2=5°42''$							
	长度30mm	Ra1.6	8	4				
螺纹	M24×2（螺纹环规检查）	Ra1.6	8	6				
外沟槽	槽径ϕ26mm	Ra1.6	6	3				
	槽宽8mm，		3					
长度	30、30、28、98		8					
现 场 操 作 规 范	工具的正确使用		2					
	量具的正确使用		2					
	刃具的合理使用		2					
	设备正确操作和维护保养		4					
倒角	C1倒角5处		10					
综合评语								
姓名			日期					

任务三　锥轴

🔷 任务目标

- 进一步掌握简单轴套类零件的加工方法。
- 通过轴类工件的练习，进一步熟练、巩固、提高外圆以及外锥的车削操作技能。
- 能根据图样要求确定一般轴类零件的加工工艺。
- 能根据图 6-3 所示独立完成零件的加工，并达到要求。

✋ 任务分析

图 6-3 所示为台阶轴，完成该零件的加工。

① 该零件为轴类工件，各挡外圆均有精度要求，在加工时应以车加工为主并应划分粗、精加工阶段。

② 在车削轴类零件时，为保证各挡外圆的同轴度，最好在一次装夹中把外圆以及端面都加工完毕。零件外圆有台阶与沟槽，在加工时应考虑便于加工与测量，尽量减少装夹次数。

1. 工夹量具准备（见表6-7）

表6-7 工夹量具准备

序 号	名 称	规 格	精 度	数 量	备 注
1	游标卡尺	0～150mm	0.02	1	
2	千分尺	0～25mm	0.01	1	
3	千分尺	25～50mm	0.01	1	
4	硬质合金切槽刀	4×8		自定	
5	硬质合金车刀	90° 45°		自定	
6	中心钻	A3		自定	
备注	活顶尖、钢直尺、铜皮、垫刀片等自备				

2. 阅读零件图（见图6-3）

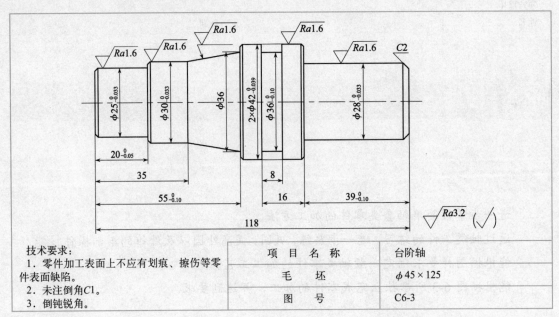

技术要求：
1. 零件加工表面上不应有划痕、擦伤等零件表面缺陷。
2. 未注倒角C1。
3. 倒钝锐角。

项 目 名 称	台阶轴
毛 坯	$\phi 45 \times 125$
图 号	C6-3

图 6-3 台阶轴

练一练

1. 加工工艺参考（见表6-8）。

表6-8 加工工艺参考表　　　　　　　　　　　　　　　　(mm)

	加 工 内 容
1	下料，$\phi 45 \times 125$
2	夹毛坯，$L_{伸} \geqslant 70$，车端面，车平即可

(mm) 续表

	加 工 内 容
3	粗车各档外圆，
4	粗车外圆，$\phi45\to\phi42.5$左右 $L\geq65$，$\phi42.5\to\phi28.5$，$L=39$
5	切槽$\phi36\times8$
6	精车各档外圆$\phi42$，$\phi28$
7	倒角，去毛刺
8	反身夹$\phi28$外圆，校正
9	车端面，保证总长118，
10	粗车外圆，$\phi45\to\phi36.5$，$L=55$，$\phi36.5\to\phi30.5$，$L=35$，$\phi30.5\to\phi25.5$，$L=20$
11	精车各档外圆
12	转动小拖板，车削外锥
13	倒角，去毛刺
14	检验

2. 注意事项

① 加工时，看清图样，按图样要求进行加工。

② 根据零件精度的不同要求，正确使用不同刀具、量具。

③ 工件不仅要达到尺寸精度、表面粗糙度要求，还要达到形位公差要求。

④ 严格遵守安全操作规程，不允许用手直接清除切屑，以防割破手指。

任务评价

本任务的评价标准如表6-9所示。

表6-9 任务三考核评价表

项 目	考 核 要 求		配 分		评 价 结 果			综合得分
			IT	Ra	自检	组检	教师检	
外圆	$\phi42_{-0.039}^{0}$	Ra1.6	8	4				
	$\phi25_{-0.033}^{0}$	Ra1.6	8	4				
	$\phi30_{-0.033}^{0}$	Ra1.6	8	4				
	$\phi28_{-0.033}^{0}$	Ra3.2	8	4				
外锥	$\phi36$	Ra3.2	8	4				
槽	槽径$\phi36_{-0.10}^{0}$		5					
	槽宽8		5					
台阶长度	$20_{-0.10}^{0}$，$55_{-0.10}^{0}$		5					
	39		2×2					
孔深	16、35		2×2					

续表

项 目	考 核 要 求	配 分		评 价 结 果			综合得分
		IT	Ra	自检	组检	教师检	
总长	118	3					
倒角去毛刺	C1，5处，尖角倒钝	不合要求尖角不倒钝每处扣2分					
其余	Ra3.2	4					
文明安全生产实习		10					
综合评语							
姓名				日期			

任务四　螺纹轴

任务目标

- 了解一般简单轴类零件的加工方法。
- 通过螺纹轴加工，进一步熟练、巩固、提高外圆、台阶、沟槽、螺纹的车削技能。
- 能根据图样要求确定零件的加工工艺。
- 能根据图 6-4 所示独立完成零件的加工，并达到要求。

任务分析

图 6-4 所示为螺纹轴，完成该零件的加工。

在加工时应在保证尺寸精度的同时保证各档外圆之间位置精度要求。

任务过程

学一学

1. 工夹量具准备（见表6-10）

表6-10　工夹量具准备

序 号	名 称	规 格	精 度	数 量	备 注
1	游标卡尺	0~150mm	0.02	1	
2	千分尺	0~25mm	0.01	1	
3	千分尺	25~50mm	0.01	1	
4	硬质合金车刀	90° 45°		自定	

序 号	名 称	规 格	精 度	数 量	备 注
5	中心钻	A3		自定	
6	M24×6螺纹环规			1套	
7	切槽刀	44×4		自定	
8	三角螺纹车刀	60°		自定	
备注	活顶尖、钢直尺、铜皮、垫刀片等自备				

2. 阅读零件图（见图6-4）

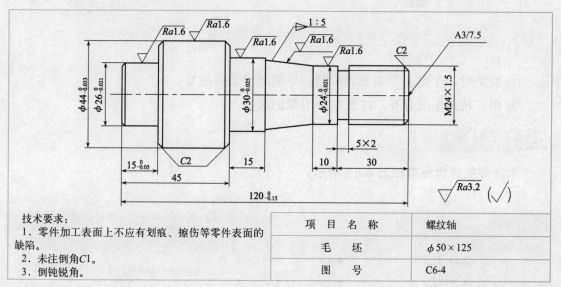

技术要求：

1. 零件加工表面上不应有划痕、擦伤等零件表面的缺陷。
2. 未注倒角C1。
3. 倒钝锐角。

项 目 名 称	螺纹轴
毛 坯	$\phi 50 \times 125$
图 号	C6-4

图 6-4 螺纹轴

练一练

1. 加工工艺参考（见表6-11）。

表6-11 加工工艺参考表

工 序	工 种	加 工 内 容	备 注
1		下料 ϕ 50mm×125mm	
2	车	装夹毛坯，伸出长度≥80mm，车端面，钻中心孔	
3	车	粗车外圆 ϕ 31mm，长度≤75mm	
4		夹持 ϕ 31mm外圆，车端面，保证总长120mm	
5		粗车外圆台阶 ϕ 27mm，14.5～15mm（作为一夹一顶夹持台阶）	
6		一夹一顶（夹 ϕ 27mm台阶，顶另一端中心孔）	
7		粗车外圆 ϕ 44.5mm， ϕ 30.5mm， ϕ 24.5mm，	
8		精车外圆 $\phi 44_{-0.033}^{0}$ mm， $\phi 30_{-0.025}^{0}$ mm， $\phi 24_{-0.20}^{0}$ mm	
9		车外锥1:5	

续表

工序	工种	加 工 内 容	备 注
10	车	倒角C2	
11	车	切螺纹退刀槽5mm×2mm	
12	车	车螺纹M24×1.5-6g	
13	车，钻	掉头装夹ϕ44mm外圆，校正，精车外圆ϕ27→ϕ26$_{-0.10}^{0}$mm，长度15mm，倒角	
14	车	倒角，锐边去毛刺	
15		检验	

2. 注意事项

① 加工时，注意加工工艺的编制，尽量减少装夹次数。

② 粗、精加工应分开，注意切削用量的选择。

🔍 **任务评价**

本任务的评价标准如表6-12所示。

表6-12 任务四考核评价表   (mm)

项 目	考 核 内 容		配 分		评 价 结 果/分			综合得分
			IT	Ra	自检	组检	教师检	
外圆	ϕ44$_{-0.033}^{0}$	Ra1.6	8	4				
	ϕ30$_{-0.025}^{0}$	Ra1.6	8	4				
	ϕ24$_{-0.021}^{0}$	Ra1.6	8	4				
	ϕ26$_{-0.021}^{0}$	Ra1.6	8	4				
外锥	锥度1:5，	Ra1.6	8	4				
螺纹	M24×1.5-6g（螺纹环规检查）	Ra1.6	6	2				
外沟槽	螺纹退刀槽5×2		4					
长度	15$_{-0.051}^{0}$，120$_{-0.15}^{0}$			10				
	45，15，30，10			8				
其余	Ra3.2（一处不符倒扣2分）							
现场操作规范	工具的正确使用			2				
	量具的正确使用			2				
	刃具的合理使用			2				
	设备正确操作和维护保养			2				
倒角	一处不符合要求倒扣2分							
综合评语								
姓名					日期			

任务五　带螺纹台阶轴

任务目标

- 进一步熟悉带螺纹台阶轴的加工方法。
- 通过带螺纹台阶轴工件的加工,进一步巩固、提高螺纹、外圆、沟槽的车削技能。
- 能根据图样要求熟练编制带螺纹台阶轴的加工工艺。
- 能根据图 6-5 所示独立完成带螺纹台阶轴的加工,并达到要求。

任务分析

图 6-5 所示为带螺纹台阶轴,完成该零件的加工。

该零件一端为螺纹及沟槽,另一端为台阶,外圆均有精度要求,在加工时为便于装夹,应先加工台阶轴一端,再夹持外圆台阶粗、精加工沟槽以及螺纹。

任务过程

1. 工夹量具准备（见表6-13）

表6-13　工夹量具准备

序　号	名　　称	规　格	精　度	数　量	备　注
1	游标卡尺	0～150mm	0.02	1	
2	千分尺	0～25mm	0.01	1	
3	千分尺	25～50mm	0.01	1	
4	硬质合金车刀	90°，45°		自定	
5	中心钻	A3		自定	
6	切槽刀	4×8		自定	
7	圆弧刀	R3		自定	
8	螺纹刀	60°		自定	
备注	活顶尖、钢直尺、铜皮、垫刀片等自备				

2．阅读零件图（见图6-5）

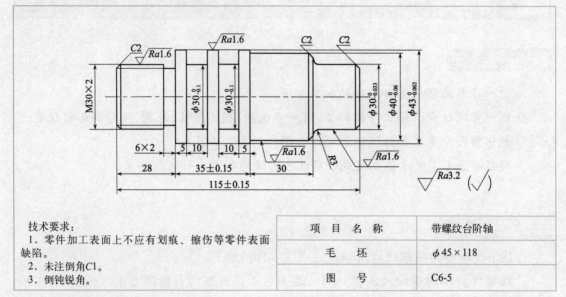

技术要求：
1．零件加工表面上不应有划痕、擦伤等零件表面缺陷。
2．未注倒角C1。
3．倒钝锐角。

项 目 名 称	带螺纹台阶轴
毛 坯	$\phi 45 \times 118$
图 号	C6-5

图 6-5　带螺纹台阶轴

练一练

1．加工工艺参考（见表6-14）。

表6-14　加工工艺参考表

工 序	工 种	加 工 内 容	备 注
1		下料$\phi 45 \times 118$	
2	车	装夹毛坯，伸出长度>57，车端面	
3	车	车外圆至$\phi 40.5$，长度52	
4	车	车外圆至$\phi 30.5$，长度19	
5		车削圆弧倒角$R3$，倒角，去毛刺	
6	车	掉头装夹外圆$\phi 40$，校正（注意伸出长度>65）	
7	车	车端面，保证总长为115±0.15	
8	车	车削外圆至尺寸$\phi 43.5$	
9	车	车削螺纹外圆$\phi 30_{-0.20}^{0}$，长度28	
10		切槽，螺纹退刀槽6×2，$2 \times \phi 30_{-0.10}^{0} \times 10$	
11	车	掉头装夹外圆$\phi 30$，精车$\phi 30_{-0.033}^{0}$，$\phi 43_{-0.062}^{0}$，车$R3$，倒角$C2$，去毛刺	
12	车	掉头装夹外圆$\phi 40$（包铜皮）车削螺纹$M30 \times 2$	
13		去毛刺，检验	

2. 注意事项

① 加工时，注意加工工艺的编制。

② 注意粗、精加工时，车外圆、切槽时的切削用量的选择。

任务评价

本任务的评价标准如表 6-15 所示。

表6-15 任务五考核评价表 (mm)

项 目	评 核 内 容		配 分		评 价 结 果			综合得分
			IT	Ra	自检	组检	教师检	
外圆	$\phi 30_{-0.033}^{0}$	Ra1.6	8	3				
	$\phi 40_{-0.033}^{0}$	Ra1.6	8	3				
	$\phi 43_{-0.033}^{0}$	Ra1.6	8	3				
沟槽	2处$\phi 30_{-0.10}^{0}$		8	4				
	槽宽10		5					
	螺纹退刀槽6×2		4					
螺纹	M30×2 （螺纹环规检查）	Ra1.6	8	6				
长度	115±0.15，30，28，35±0.15，5		12					
现场操作规范	工具的正确使用		2					
	量具的正确使用		2					
	刃具的合理使用		2					
	设备正确操作和维护保养		4					
倒角	C1 5处		10					
综合评语								
姓名			日期					

任务六　车工综合训练一

任务目标

- 能较合理地选择切削用量，做到粗、精加工有区别。
- 通过综合件的加工练习，进一步熟练、巩固、提高外圆、台阶、沟槽、内孔的车削操作技能。进一步巩固车刀的刃磨和使用技能。
- 能根据图样要求独立编制零件的加工工艺。了解零件加工的工艺过程，工序的组成，工件定位基准的选择。
- 能根据图 6-6 所示独立完成零件的加工，并达到要求。

任务分析

图 6-6 所示为锥柄螺杆，完成该零件的加工。

任务过程

学一学

1. 工夹量具准备（见表6-16）

表6-16　工夹量具准备

序号	名　称	规　格	精　度	数　量	备　注
1	游标卡尺	0～150mm	0.02	1	
2	千分尺	0～25mm	0.01	1	
3	千分尺	25～50mm	0.01	1	
4	硬质合金车刀	90° 45°		自定	
5	中心钻	A3		自定	
6	切槽刀	4×8		自定	
7	圆弧刀	R3		自定	
8	螺纹刀	60°		自定	
备注	活顶尖、钢直尺、铜皮、垫刀片等自备				

2. 阅读零件图（见图6-6）

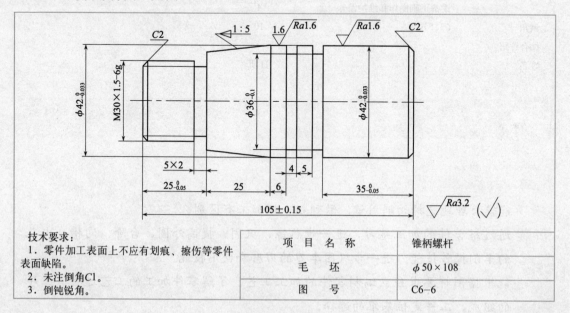

技术要求：
1. 零件加工表面上不应有划痕、擦伤等零件表面缺陷。
2. 未注倒角C1。
3. 倒钝锐角。

项　目　名　称	锥柄螺杆
毛　坯	$\phi 50 \times 108$
图　号	C6—6

图6-6　锥柄螺杆

练一练

1. 加工工艺参考（见表6-17）

表6-17　加工工艺参考表

工　序	工　种	加　工　内　容
1		下料 $\phi 50 \times 108$mm
2	车	装夹毛坯，伸出长度＞40mm，车端面
3	车	车外圆 $\phi 42_{-0.033}^{0}$ mm，长度35mm
4	车	倒角，去毛刺
5	车	调头装夹 $\phi 42$mm外圆，伸出长度＞75mm，校正，车端面，保证总长 (105 ± 0.15) mm
6	车	车外圆 $\phi 42_{-0.033}^{0}$ mm，长度70mm
7	车	车螺纹外圆 $\phi 30_{-0.20}^{0}$ mm，长度25mm
8	车	切槽 $2 \times \phi 36_{-0.10}^{0}$ mm $\times 4$mm（$\times 5$mm），螺纹退刀槽5mm $\times$ 2mm
9	车	倒角，去毛刺
10	车	车螺纹M30 $\times$ 1.5
11	车	转动小滑板锥度1：5（圆锥半角5°42″）车削圆锥面，控制大端外圆柱 $\phi 42$，长度6mm
12	车	锐边去毛刺
13		检验

2. 注意事项

① 基准的选择：在加工时，应该选择比较牢固可靠的表面作为基准，否则会使工件夹坏或松动。该零件一端为螺纹，另一端为直孔，为保证加工刚性，可在先加工完一端外圆及内孔后，一夹一顶完成螺纹以及沟槽、外锥的加工。

② 在加工螺纹时，应注意粗、精加工的划分。使用螺纹环规检查。

任务评价

本任务的评价标准如表 6-18 所示。

表6-18　任务六考核评价表

项目	考核内容		配分		评　价　结　果/分			综合得分
			IT	Ra	自检	组检	教师检	
外圆	$\phi 36_{-0.1}^{0}$	Ra1.6	6	3				
	$\phi 42_{-0.033}^{0}$	Ra1.6	6	3				
外锥	锥度1：5，长度25mm	Ra1.6	10	5				

续表

项目	考核内容	配分		评 价 结 果/分			综合得分
		IT	Ra	自检	组检	教师检	
螺纹	M30×1.5 （螺纹环规检查）	8	6				
外沟槽	螺纹退刀槽5×2	6	3				
	$2 \times \phi 36^{\ 0}_{-0.10} \times 4$（×5）	6	4				
长度	$25^{\ 0}_{-0.05}$，$35^{\ 0}_{-0.05}$，105 ± 0.15，4，6，25	14					
现场操作规范	工具的正确使用	3					
	量具的正确使用	3					
	刃具的合理使用	3					
	设备正确操作和维护保养	4					
倒角	C1 5处	10					
综合评语							
姓名				日期			

任务七　车工综合训练二

任务目标

- 能较合理地选择切削用量、做到粗、精加工有区别。
- 进一步熟练、巩固、提高外圆、台阶、沟槽的车削操作技能。进一步巩固车刀的刃磨和使用技能。
- 掌握定位基准的选择方法。掌握工序划分的方法。
- 能根据图 6-7 所示独立完成零件的加工，并达到要求。

任务分析

图 6-7 所示为锥柄台阶轴，完成该零件的加工。

① 该零件为锥柄台阶轴，各挡外圆均有精度要求，在加工时应注意保证各外圆的尺寸精度。

② 注意培养质量和产量的意识，提高加工效率。养成文明生产的习惯。

任务过程

学一学

1. 工夹量具准备（见表6-19）

表6-19 工夹量具准备 (mm)

序 号	名 称	规 格	精 度	数 量	备 注
1	游标卡尺	0～150	0.02	1	
2	千分尺	0～25	0.01	1	
3	千分尺	25～50	0.01	1	
4	螺纹环规	M30×1.5		1套	
5	切槽刀	4×6		自定	
6	硬质合金车刀	90° 45°		自定	
7	中心钻	A3		自定	
8	螺纹刀	60°		自定	
9	鸡心卡箍				
备注	活顶尖、钢直尺、铜皮、垫刀片等自备				

2. 阅读零件图（见图6-7）

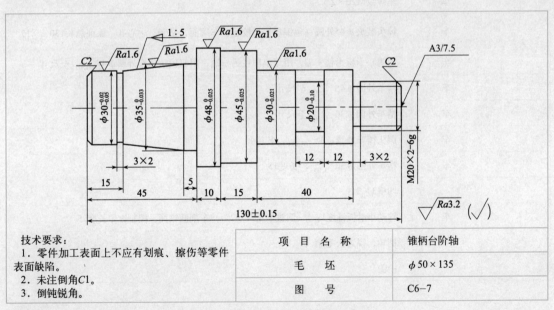

技术要求：
1. 零件加工表面上不应有划痕、擦伤等零件表面缺陷。
2. 未注倒角C1。
3. 倒钝锐角。

项 目 名 称	锥柄台阶轴
毛 坯	$\phi 50 \times 135$
图 号	C6-7

图 6-7 锥柄台阶轴

练一练

加工工艺参考如表 6-20 所示。

表6-20 加工工艺参考表 (mm)

工序	工种	加 工 内 容
1		下料 $\phi50\times135$
2	车	装夹毛坯（$\phi50\times135$），车端面，钻中心孔
	车	一夹一顶，工件伸出长度>90，校正
	车	粗车外圆 $\phi48.5$
	车	粗车外圆 $\phi45.5$
	车	粗车外圆 $\phi30.5$
	车	粗车外圆 $\phi20.5$
	车	切槽 $\phi20_{-0.1}^{0}\times12$
	车	螺纹退刀槽 3×2
	车	精车螺纹外圆 $\phi20_{-0.02}^{0}$ 至尺寸
	车	倒角，去毛刺
	车	车螺纹 $M20\times2$
	车	掉头装夹 $\phi45$ 外圆（包铜皮），校正，车端面，钻60°中心孔，保证总长 130 ± 0.15
	车	用鸡心卡箍卡住一端，用尾座顶住另一端，用双顶法精车外圆 $\phi48_{-0.025}^{0}$ 至尺寸
	车	精车外圆 $\phi45_{-0.025}^{0}$ 至尺寸
	车	精车外圆 $\phi30_{-0.021}^{0}$ 至尺寸
	车	调头精车外圆 $\phi35_{-0.033}^{0}$，长度45
	车	精车外圆 $\phi30_{-0.05}^{-0.02}$，长度15
		切槽 3×2
	车	转动小滑板锥度1:5（圆锥半角5°42″）车削圆锥面，控制锥体长度25
	车	倒角，锐边去毛刺
		检验

任务评价

本任务的评价标准如表 6-21 所示。

表6-21　任务七考核评价表　　　　　　　　　　　　　　　　（mm）

项　目	考 核 内 容		配　分		评 价 结 果/分			综合得分
			IT	Ra	自检	组检	教师检	
外圆	$\phi 48_{-0.033}^{0}$	$Ra1.6$	5	3				
	$\phi 45_{-0.025}^{0}$	$Ra1.6$	5	3				
	$\phi 30_{-0.021}^{0}$	$Ra1.6$	5	3				
	$\phi 30_{-0.05}^{-0.02}$	$Ra1.6$	5	3				
	$\phi 35_{-0.033}^{0}$	$Ra1.6$	5	3				
内孔	$\phi 30_{0}^{+0.033}$	$Ra1.6$	4	2				
外锥	锥度1：5	$Ra1.6$	6	2				
螺纹	M20×2-6g（螺纹环规检查）		6	2				
外沟槽	螺纹退刀槽2×3×2		4					
	槽径$\phi-20_{-0.1}^{0}$	$Ra1.6$	4	2				
	槽宽12		2					
长度	130±0.15		6					
	10、15、40、130、12、45		12					
现场操作规范	工具的正确使用				2			
	量具的正确使用				2			
	刃具的合理使用				2			
	设备正确操作和维护保养				2			
倒角	一处不符合倒扣2分							
其余	$Ra3.2$（一处不符倒扣2分）							
综合评语								
姓名					日期			

参 考 文 献

［1］曲昕. 车工实用技术 [M]. 吉林：吉林科学技术出版社，2008.

［2］劳动和社会保障部教材办公室. 车工技能训练[M]. 北京：中国劳动和社会保障出版社，2005.

［3］金福昌. 车工（中级）[M]. 北京：机械工业出版社，2005.

［4］董代进. 车工技术基本功[M]. 北京：人民邮电出版社，2010.

［5］王公安. 车工工艺学[M]. 北京：中国劳动和社会保障出版社，2005.

［6］夏祖印. 车工快速入门[M]. 北京：国防工业出版社，2007.

［7］王栓虎. 车工实用技术手册. 修订版[M]. 南京：江苏科技出版社，2005.